I0032252

K. W. von Dalla Torre

Die Fauna von Helgoland

bremen
university
press

K. W. von Dalla Torre

Die Fauna von Helgoland

ISBN/EAN: 9783955620912

Auflage: 1

Erscheinungsjahr: 2013

Erscheinungsort: Bremen, Deutschland

@ Bremen-university-press in Access Verlag GmbH, Fahrenheitstr. 1, 28359 Bremen. Alle Rechte beim Verlag und bei den jeweiligen Lizenzgebern.

bremen
university
press

Die Fauna von Helgoland.

Von

Prof. Dr. K. W. v. Dalla Torre,

Privatdocent an der Universität Innsbruck.

Jena,

Verlag von Gustav Fischer.

1889.

Die vorliegende Arbeit verdankt ihr Zustandekommen den vorbereitenden und nachfolgenden Studien anlässlich eines Ferienaufenthaltes seitens des Verfassers auf der Insel; der Plan der Publication aber wurde ausschliesslich durch die äusserst freundliche Zuvorkommenheit des Herrn Regierungssecretärs Heinr. Gätke verwirklicht, der, seit mehr als 30 Jahren auf der Insel ansässig, als Ornithologe von Weltruf auch aus anderen Thiergruppen, namentlich Insecten, reiche, durchaus selbst angelegte Sammlungen besitzt, deren Benutzung er er mir für meine Studienzwecke und die vorliegende Arbeit mit grösster Liberalität gestattete; auch alle über die Zeit meines Aufenthaltes hinausreichenden Angaben und Notizen sind das Werk seiner Feder.

Dass ich die Veröffentlichung dieser Zusammenstellung unternahm, hat mehr als einen Grund: Zunächst haben die Faunen und Floren von Inseln schon an und für sich ein hohes zoo- und phytogeographisches Interesse, das bei Helgoland noch erhöht wird durch die verhältnissmässig continentale und doch wieder in Bezug auf den Bau der Insel maritime Lage, die abweichende Bodenbeschaffenheit, die höchst merkwürdige Vegetation, die rege Communication, die Mittellage zwischen Dänemark, Schleswig-Holstein und Britannien u. s. w. Dazu kommt der häufige Besuch seitens deutscher Zoologen und Naturforscher, denen eine derartige Arbeit für ihre Studienzwecke vielleicht manchen Nutzen gewähren dürfte, zumal da sie durch die Fischereianstalt für wissenschaftliche Zwecke des Hilmar Lührs (Stadt Altona, Unterland) und durch die Naturalienhandlung von J. Aückens (Oberland) freundlichste Unterstützung finden. Weiter

schien es mir wünschenswerth, die zahlreichen Bemühungen um die
Erforschung der Inselfauna in ein Gesammtbild zusammengefasst zur
Anschauung zu bringen, um die Aufmerksamkeit künftiger Forscher
auf die noch vorhandenen Lücken hinzuweisen, deren mehr als genug
sind; endlich hatte mir persönlich die Bearbeitung dieses Themas
einen ganz eigenthümlichen Reiz in der Erinnerung an die herrlichen
Tage, die ich auf der schönen Insel, dieser Perle der Nordsee
— an die herrlichen Stunden, die ich im Arbeitssaale H. GÄTKE's
verbrachte — dem auch diese Zeilen in dankbarer Freundschaft ge-
widmet seien!

Was vor dieser Arbeit bereits bekannt, was durch dieselbe als
neu zu Tage gefördert worden ist, ist leicht ersichtlich, da ich jeder
Angabe die betreffenden Autoren beigesetzt habe, wofern dieselbe sich
in der Literatur vorfindet; was noch nirgends publicirt war, somit hier
zum erstenmal erscheint, ist ohne weiteren Autor gegeben; ebenso fügte
ich meinen Namen nicht bei, wenn sich ein Fund oder eine Beobachtung meinerseits bereits mit einer vorhandenen Angabe deckt. Schon
deshalb war ich gezwungen, die einschlägige und, wie man aus dem
historischen Abriss sieht, sehr zerstreute Literatur möglichst gewissen-
haft zu sammeln. Ich glaube, es dürfte wohl im grossen Ganzen ge-
lungen sein, sie mit imponirender Vollständigkeit hier zu bieten, und
da ich weder Zeit noch Kosten scheute, so konnte ich auch jedes
Citat, jede Arbeit persönlich vergleichen und benützen.

Bezüglich der Anordnung des Materials habe ich mich meist ge-
nau an LEUNIS-LUDWIG, Synopsis der Thierkunde, angelehnt; wo ich
davon abzuweichen gezwungen war, wie bei den Vögeln, Käfern,
Schmetterlingen und Mollusken, Krebsen und Medusen, ist dies bemerkt. Der Vollständigkeit halber nahm ich auch die Vögel in meine
Arbeit mit auf, obwohl mir einerseits bekannt ist, dass Herr GÄTKE
eine grosse Arbeit über die Ornis Helgolands zum Drucke vorbereitet,
und obwohl ich andrerseits aus persönlicher Beobachtung keine einzige
Notiz beizufügen im Stande bin; das vorgebrachte Material habe ich
ausschliesslich der in ca. 50 Artikeln zerstreuten Literatur entnommen
und glaube daher, mich in keiner Weise eines literarischen Vergehens
schuldig gemacht zu haben. Die Belegstücke dieser Fauna sind, so-
weit die Angaben nicht der Literatur allein entnommen sind, zum
grössten Theile im Besitze H. GÄTKE's, wurden aber vor Abschluss
dieser Zeilen in der Sitzung des naturwissenschaftlich-medicinischen
Vereins hier am 12. März der Versammlung vorgelegt.

Schliesslich erachte ich es für meine unabweisbare Pflicht, allen jenen, welche mich bei der Durchführung dieser Arbeit, sei es durch Bestimmung und Revision des Materials, sei es durch Vermittlung von Literatur unterstützt haben, den besten Dank auszusprechen; es sind dies die Herren: J. ACKERMANN in Aachen, Prof. Dr. F. BUCHENAU in Bremen, R. FRIEDLÄNDER u. Sohn in Berlin, Univ.-Prof. Dr. CAM. HELLER in Innsbruck, Dr. E. HOFMANN in Stuttgart, Dr. W. KOBELT in Schwanheim, Dr. J. KRIECHBAUMER in München, Univ.-Prof. Dr. H. LUDWIG in Bonn, L. MILLER in Wien, Dr. A. S. POPPE in Vegesack, V. v. RÖDER in Hoym (Anhalt), AL. ROGENHOFER in Wien und L. SORHAGEN in Hamburg — endlich die k. bair. Hof- und Staats-Bibliothek, die mir, wie immer, in gewohnter Liberalität die gesammten Bücherschätze zur Verfügung stellte.

Literar-historischer Ueberblick.

Die ältesten Autoren, welche über Helgoland schrieben, berichten etwa mit Ausnahme von allgemeinen Angaben und Bemerkungen gar nichts über die Land- oder Meeresthiere dieser Insel. Doch ist dieselbe schon seit Jahrhunderten berühmt wegen ihres grossen Vogelreichthums. ADAM VON BREMEN (1072) führt ihn bereits an und G. VON RANZAU (geb. 1526, gest. 1599), der erste Beschreiber der Insel, schildert die unglaublichen Schaaren „incredibiles greges", welche auf der Insel im Herbst „haufenweise zusammenfliegen und den Einwohnern angenehme Schüsseln liefern", und führt dann an Kraniche, Schwäne, Gänse, Enten, Taucher, Lerchen und Drosseln u. s. w. Die erste Mittheilung über das Vorkommen von Seethieren macht — freilich in ganz allgemeinen Umrissen — MUSHARD [1]), indem er schreibt: „... An dem Strande von der Dühne liegen verschiedene Arten von Steinen, ingleichen Muschel- und Schneckenschalen und ein sog. Mumergold, das wie ein glänzendes Erz aussieht und vielleicht eine nähere chemische Untersuchung verdienete. Auch giebt es daselbst nach Beschaffenheit und Veränderung der Jahreszeiten verschiedene Vögel, die ihre Nester machen und ihre Eier ausbrüten ...". „Die Fische, die hierselbst gefangen werden, sind wohl dreissigerlei Art. Die bekanntesten aber sind: Schellfische, Dorsche, Makrelen, Hunde, Zungen, Gartjens, Kablyau, Langen, Hummers, Taschenkrebse, Knurrhäne, Schullen, Heil- und Steinbutte und andere Butte, ingleichen Austern, so sehr gross und ziemlich gut von Geschmack sind. Bei Frühlings- und

---

1) MUSHARD, M., Beschreibung der Insel Helgoland, in: Hannöv. Magaz. II, 1764, p. 1103—1112.

Sommertagen gibts hier viele Mewen oder grosse Wasservögel, ingleichen eine Art von wilden Enten, die sie Taucher nennen, diese
legen ihre Eyer an den Seiten von der Klippe und brüten Junge dar-
aus. Im Herbst und Frühjahr kommt eine Menge von Drosseln,
Schneppen, Holztauben und anderen kleinen Vögeln und zwar im
Frühjahr mit Süd-, im Herbste aber mit Nordosten Winde..." „... Den
fünfzehnten September werden die Hummernetze ausgesetzet und
dieser Fang dauert bis 13. Julii, alsdann werden sie krank, bekommen
neue Schalen, kriechen aus den alten, die ganz und unbeschädigt
bleiben und häufig gefunden werden, heraus. Die alten Hummers
tragen ihre Eier in die Meerschneckenhäuser hinein und schleppen
hernach die jungen Hummers aus den kleinen in die grösseren Schneken-
häuser herum, bis sie selbst herauskriechen und in dem Seewasser
sich ernähren können. Zu den Curiosis hieselbst gehören auch die
sogen. Meeräpfel, Echinus marinus, so rund und stachlicht, und
die Wohnung einer lebenden Creatur sind. Imgleichen hat man hier
Haf, Bütte und Fünffüsse. Erstere sind von einer ganz sonderbaren
Gestalt und letztere sehen aus wie ein fünfeckigter Stern, imgleichen
Seemäuse und Seehunde. Die ersten Schellfische im Frühjahr werden
bey Westen des Landes in einer Entfernung von fünfzehn und mehr
Meilen und mannigmal mit Lebensgefahr gefangen, hernach kommen
die Schellfische immer näher und zuletzt so nahe, dass sie mannigmal
innerhalb 24 Stunden zwei Seereisen mit der Chalouppen thun, im
ersten Falle werden Schniggen gebraucht..."

Zu Anfang dieses Jahrhunderts erschien der 4. Band der Zoologia
Danica, nach O. F. MÜLLER's Tode bearbeitet von M. H. RATHKE [2]),
welcher folgende von ABILDGAARD bei Helgoland gesammelte Thierarten
abbildet: *Actinia holsatica n. sp.* (p. 24), *Medusa papillata n. sp.*
(p. 24), *Tubularia coronata* Enc. méth. (p. 25), *Planaria dorsalis
n. sp.* (p. 25), *Planaria convoluta n. sp.* (p. 26), *Distoma anguillae
n. sp.* (p. 26), *Ascidia gelatina* O. F. MÜLL. (p. 26), *Doris cornuta
n. sp.* (p. 29), *Cellepora coccinea n. sp.* (p. 30), *Alcyonium gelatinosum* O. F. MÜLL. (p. 30), *Taenia tadornae n. sp.* (p. 31), *Ascaris anguillae n. sp.* (p. 32), *Lumbricus squamatus n. sp.* (p. 39) und *Lumbricus marinus* L. (p. 40). Mehrere der hier angeführten Arten wurden
später nicht mehr aufgefunden und sind nicht zu deuten.

Der Erste, der sich zur Aufgabe gestellt hatte, die Flora und

---

2) RATHKE, M. H., MÜLLER, O. F., Zoologia Danica etc. Vol. IV,
1806. Fol.

Fauna der Insel in möglichster Vollständigkeit dem augenblicklichen Stande des Wissens entsprechend zu charakterisiren, war Dr. HOFF-MANN [3]). Er berücksichtigt in dieser Arbeit die Säugethiere, Vögel, Fische, Krustenthiere, Mollusken mit Einschluss der Ascidien, dann Würmer und Radiaten; zwei Arten, *Ascidia pedunculata* und *Nereis quadricornis*, wurden als neu beschrieben und abgebildet; bei einigen werden gelegentlich biologische und kritisch-systematische Bemerkungen eingefügt. So bemerkt der Verfasser z. B. bezüglich des Vogelzuges auf Helgoland: „Noch einer besonderen Anmerkung würdig sind die grossen Durchzüge von *Scolopax*- und *Turdus*-Arten, welche über Helgoland im März und October ihre Richtung nehmen. Die Ankunft solcher Züge geschieht im Frühjahr gewöhnlich bei hellem Wetter und Südwestwind; sie ruhen eine Zeit lang, höchstens 24 Stunden auf der Insel, und alle Hände sind dann mit Vogelstellen beschäftigt. Adler und Habichte begleiten den Zug und ängstigen die ermatteten Thiere in die verstecktesten Schlupfwinkel der Felsen hinein. Minder häufig ziehen hier Gänse und Enten vorüber, auch erscheinen im Frühlinge und Herbste Kibitze, Brachvögel (*Numenius*), mehrere *Tringa*-Arten, besonders *Tringa pugnax* und *Tr. interpres*, kleine Singvögel, worunter Nachtigallen und Zaunkönige, Rothkehlchen, Buchfinken, Gimpel, Zeisige, Stieglitz, Meisen, Lerchen, Seidenschwänze, selbst wilde Tauben, Krähen und Dohlen lassen sich sehen und nächst den erwähnten Raubvögeln noch Eulen. Dies reich bewegte Leben bietet dem Ornithologen unermessliche Schätze der Forschung und die Hoffnung eines tiefen Blickes in den Haushalt vieler Thiere unseres Himmelstriches." Derselbe führt dann „mit Bestimmtheit" nistend an: *Larus marinus* L. und *L. argentatus* L., *Uria troile* LATH. und *Mormon arctica* NAUM. auf den Klippen; *Haematopus ostralegus* L. auf der Düne. Es ist dies insofern von Interesse, als heutzutage, also nach etwa 60 Jahren, nur mehr eine einzige Art von diesen, *Uria troile*, als sicherer Brutvogel aufgeführt werden kann. — Im Ganzen verzeichnet HOFFMANN 92 Arten, nämlich 5 Säugethiere, 25 Vögel, 19 Fische, 1 Tunicaten, 8 Mollusken, 8 Crustaceen, 7 Würmer, 7 Echinodermen und 10 Coelenteraten, worunter einige allerdings nicht eruirbare Formen.

Zum Zwecke seiner Studien über das Leuchten des Meeres un-

---

3) HOFFMANN, F., Bemerkungen über die Vegetation und die Fauna von Helgoland, in: Verhandl. d. Gesellsch. Naturforsch. Freunde Berlin I, 1829, p. 228—260, Taf. X.

tersuchte C. G. Ehrenberg [4]) folgende Arten aus der Umgebung Helgolands: *Cyanea capillata, Chrysaora isoscela, Cyanea lamarcki, Cyanea helgolandica, Oceanea hemisphaerica, Noctiluca scintillans* und *Nereis cirrigera.* Im Jahre 1835 beschrieb H. Burmeister [5]) mehrere von Stannius bei Helgoland gesammelte Schmarotzerkrebse, nämlich: *Pandarus carchariae* Leach, *Dinematura gracilis* n. sp. auf *Squalus acanthias, Chalimus scombri* n. sp. auf *Scomber scomber* und *Bomolochus belones* n. sp. auf *Esox belone.* Im darauffolgenden Jahre machte Ehrenberg noch weitere Bemerkungen [6]) über *Cyanea lamarcki, C. helgolandica* und *Chrysaora isoscela* und beschrieb *Asterias helgolandica,* sowie [8]) *Amphicora sabella, Hydra squamata* O. F. Müll. = *Coryne multicornis* n. sp., *Sertularia dichotoma, Isthuria enervis* und *Oxytricha enervis;* Wagner [7]) berichtete über *Actinia holsatica* bei Helgoland, und R. A. Philippi [9]) verzeichnete gelegentlich einer Revision der Gattung *Lacuna* die ihm aus der Umgebung Helgolands bekannt gewordenen Meeresconchylien, denen er auch die Cirripidien beizählt.

Im Jahre 1841 erwähnt A. Kölliker [10]) einiger Evertebraten aus Helgoland, nämlich: *Rhizostoma cuvieri* Per., *Aequorea henleana* n. sp., *Stenorhynchus phalangium* Lam., *Portunus lividus* Leach, *Iphimedia obesa* Rthk., *Ianira maculosa* Leach, *Creusia stromia* Lam. In demselben

4) Ehrenberg, C. G., Das Leuchten des Meeres, in: Abhandl. d. Akad. d. Wissensch. Berlin 1834, p. 411—575, Taf. I. u. II. — Separat: Berlin 1835. 4⁰.

5) Burmeister, H., Beschreibung einiger neuer Schmarotzerkrebse, in : Nova Acta Acad. Leopold., Vol. XVII, Pars I, 1835, p. 27—336 Tab. XXIII—XXV.

6) Ehrenberg, C. G., Ueber die Acalephen des Rothen Meeres und den Organismus der Medusen der Ostsee, in: Physik. Abhandl. d. Akad. d. Wissensch. Berlin 1835, ersch. 1837, p. 181—259; 8 Taf. [p. 212 Fussnote] — Separat: Berlin 1836. 4⁰.

7) Wagner, Rud., Entdeckung männlicher Geschlechtstheile bei den Actinien, in: Archiv f. Naturg. Jahrg. I, 1835, Bd. 1, p. 215—219; Taf. III.

8) Ehrenberg, C. G., Thiere aus Helgoland, in: Mittheil. u. Verhandl. d. Gesellsch. Naturf. Freunde. Berlin, 1836, p. 1—5.

9) Philippi, R. A., Beschreibung einiger neuen Conchylien-Arten und Bemerkungen über die Gattung Lacuna, in: Arch. f. Naturg. Jahrg. II, 1836, Bd. I, p. 224—235.

10) Kölliker, A., Beiträge zur Kenntniss der Samenflüssigkeit wirbelloser Thiere. Berlin 1841. 4⁰.

Jahre erschien auch eine Aufzählung der vom Gymnasiallehrer Banse [11]) aus Magdeburg während seines dreiwöchentlichen Aufenthaltes auf der Insel Helgoland gesammelten Insecten. Es waren dies 10 Käfer, 1 Schmetterling, *Zerene grossulariata* L., und eine Halbflüglerart, *Phytocoris viridis* L. Dazu bemerkt der Verfasser: „Nach den Beobachtungen, die ich während eines dreiwöchentlichen Aufenthaltes auf der Insel Helgoland machen konnte, gehört die Fauna dieser Insel zu den ärmsten. Dies hat ohne Zweifel seinen Grund in der dürftigen phanerogamischen Pflanzenwelt, indem sich nur zwischen 20—25 Arten phanerogamischer Pflanzen dort wild wachsend finden. Darunter sind keine Bäume, und die man, namentlich Obstbäume, dorthin in Gärten verpflanzt hat, müssen durch Häuser sehr geschützt sein, wenn sie nicht den heftigen Frühjahrs- und Herbststürmen erliegen sollen; dennoch bleiben sie sehr niedrig und strauchartig. Daher fehlen fast alle Insecta herbivora. Es ist zwar anzunehmen, dass mir mehrere dort lebende Arten unbekannt geblieben sind, die vielleicht im Frühlinge und Herbste erscheinen — ich war in den Hundstagen dort — oder in anderen Jahren, da das Jahr 1840 zu den ungünstigsten hinsichtlich des Insectensammelns gehörte; jedoch muss ich nach Beschaffenheit der Insel glauben, dass diese Zahl nicht gross ist." — Auffallend erscheint es weiter, dass Banse „trotz alles Suchens im Kuh- und Schafdünger" weder Insecten noch Larven der Gattung *Aphodius* und *Onthophagus* fand, sowie dass er Orthopteren, Neuropteren und Hymenopteren gar nicht bemerkte!

In der von K. Th. Menke [12]) verfassten Zusammenstellung der Mollusken der Nordsee, die übrigens unvollendet blieb, werden aus Helgolands Umgebung 7 Arten aufgeführt.

Ein neues Interesse gewann die Insel durch die Studien von Joh. Müller, welcher zunächst mit seinen Schülern R. Wilms, W. Busch und v. Franque und im folgenden Jahre mit den beiden ersteren und R. Wagner sich zu längeren zoobiologischen und anatomischen Untersuchungen auf der Insel niederliess. In seiner ersten Arbeit [13]) beschrieb er vier neue Thierformen, welche sich bei seinen

---

11) Banse, —, Ueber die Fauna Helgolands, in: Stettin. Entom. Ztg. Jahrg. II, 1841, p. 77—79.

12) Menke, K. Th., Uebersicht der Mollusken der deutschen Nordsee, in: Zeitschr. f. Malakozool. Jahrg. I, 1844, p. 129—135, p. 148—150; Jahrg. II, 1845, p. 33—44, p. 49—60.

13) Müller, Joh., Bericht über einige neue Thierformen der Nordsee, in: Müller's Archiv f. Anat. u. Physiol. 1845, p. 101—110; Taf. V u. VI.

späteren Untersuchungen [14]) als Larven herausstellten, nämlich: *Actinotrocha branchiata* (= *Phoronis hippocrepia* WRIGHT), *Mesotrocha sexoculata* (= *Chaetopterus norvegicus*), *Vexillaria flabellum* (= *Amaroecium proliferum*) und *Pluteus paradoxus* (= *Ophiolepis ciliata*); überdies beschrieb er noch eine neue Form als *Pilidium gyrans* — gleichfalls eine Wurmlarve. Sein Schüler R. WILMS [15]) veröffentlichte eine Monographie einer von ihm nicht benannten *Sagitta*-Art. In dieses Jahr fällt auch J. F. NAUMANN's [16]) Versuch einer Zusammenstellung aller bis dahin beobachteten Vogelarten, zu welcher THIENEMANN noch einige persönlich geschöpfte Beobachtungen hinzufügte. NAUMANN benutzte hierzu die Sammlung des damaligen Badewirthes P. R. REIMERS, sowie seines Freundes Br. HILMAR VON DEM BUSCHE, „welcher mehrere Jahre auf Helgoland lebte und daselbst sich wissenschaftlich Jahr aus Jahr ein mit Jagen und Fischen, und zwar leidenschaftlich beschäftigte", und glaubt, die Authenticität nach allen Theilen verbürgen zu dürfen. Die Zahl der in dieser Arbeit aufgeführten Arten beträgt 222; es unterliegt aber keinem Zweifel, dass einzelne Arten unrichtig bestimmt sind; nachtheilig ist es, dass das Verzeichniss eine blosse Namensaufzählung ohne alle nähere Daten über Zug und Leben, ja selbst ohne Autornamen darstellt; auch THIENEMANN's Notizen ergänzen die Arbeit nur wenig. PAULSEN's [17]) anonym verfasstes Werk berücksichtigt in dem einzigen erschienenen ersten Theile bloss die Gattungen und hat somit für die Inselfauna selbst gar keinen Belang.

Dagegen erschien im Jahre 1847 die wichtigste und folgereichste Arbeit über die Meeresfauna Helgolands, indem Dr. H. FREY und Dr. R. LEUCKART [18]) sich durch längere Zeit auf dieser Insel aufhielten,

---

14) MÜLLER, JOH., Fortsetzung des Berichts über einige neue Thierformen der Nordsee, in: MÜLLER's Archiv f. Anat. und Physiol. 1847, p. 157—179; Taf. VI, Fig. 1—4.

15) WILMS, R., Observationes de sagitta mare germanicum circa insulam Helgoland incolente. Berolini 1846. 8⁰. 1 Taf.

16) NAUMANN, J. F., Ueber den Vogelzug mit besonderer Rücksicht auf Helgoland, in: Rhea, Ztschr. f. Ornithol. 1. Heft, 1846, p. 18—27.

17) (PAULSSEN, R.), Handbuch der Ornithologie, besonders zum Gebrauch für Sammler, enthaltend die in Europa vorkommenden Gattungen und die in Dänemark, Schleswig-Holstein und Lauenburg nebst den Inseln Helgoland und Rügen vorkommenden Arten mit erläuternden Abbildungen herausgegeben von einem Freunde der Ornithologie. Kopenhagen 1846. 8⁰. I. Theil: System und Gattungen.

18) FREY, H., u. LEUCKART, R., Beiträge zur Kenntniss wirbelloser

um eingehende zootomische Studien zu treiben. Abgesehen von den werthvollen wissenschaftlichen Forschungsresultaten, welche namentlich der Anatomie der niederen Seethiere zu Gute kamen, bearbeitete R. Leuckart[19]) unter Zugrundelegung der bisherigen Literatur ein „Verzeichniss der zur Fauna Helgolands gehörenden wirbellosen Seethiere", welches bis auf die Jetztzeit als Basis für die faunistischen Studien über diese Insel anzusehen ist. Dasselbe enthält Tunicaten, Mollusken, Crustaceen, Würmer, Echinodermen und Coelenteraten, im Ganzen bei 200 Arten, von denen viele neu aufgestellt, andere durch kritische Bemerkungen erläutert sind; allerdings sind einzelne Formen nach dem heutigen Wissensstande als Entwicklungsstadien oder Geschlechtsformen einzuziehen. Auch ein nacktes Namensverzeichniss der aufgefundenen Arten publicirte derselbe[20]), als Zuwachsverzeichniss der academischen Sammlung in Göttingen, später gab er kleine Nachträge hierzu[24]). Von kleineren Arbeiten dieses Jahres seien erwähnt die Studien von Busch über *Tomopteris onisciformis*[21]) und *Mesotrocha sexoculata*[22]), sowie jene von R. Wagner[23]) über *Actinotrocha branchiata*, denen sich weitere von Max Schultze über *Amphioxus lanceolatus*[25]) und *Ophiolepis squamata*[26]) anschliessen.

In das Jahr 1853 fällt die erste Publication H. Gätke's, und mit seinem Auftreten tritt das Studium der Vogelwelt Helgolands in

---

Thiere mit besonderer Berücksichtigung der Fauna des norddeutschen Meeres. Braunschweig, Vieweg, 1847. 4°. 170 S., 2 Taf.

19) Leuckart, R., Verzeichniss der zur Fauna Helgolands gehörenden wirbellosen Seethiere, in: Frey und Leuckart, Beiträge zur Kenntniss wirbelloser Thiere, 1847, p. 136—168.

20) Leuckart, R., Wirbellose Thiere aus Helgoland und Island, in: Götting. Nachricht. 1847, p. 86—92.

21) Busch, W., Einiges über den Tomopteris onisciformis, in: Müller's Arch. f. Anat. u. Physiol. 1847, p. 180—186; Taf. VIII, Fig. 5.

22) Busch, W., Ueber die Mesotrocha sexoculata, in: Müller's Archiv f. Anat. u. Physiol. 1847, p. 187—192; Taf. VIII, Fig. 1—3.

23) Wagener, R., Ueber den Bau der Actinotrocha branchiata, in: Müller's Archiv f. Anat. u. Physiol. 1847, p. 202—206; Taf. IX.

24) Leuckart, R., Zur Kenntniss der Fauna von Island, in: Archiv f. Naturg. Jahrg. XV, 1849, Bd. I, p. 149—208; Taf. III.

25) Schultze, Max, Beobachtung junger Exemplare von Amphioxus lanceolatus, in: Zeitschr. f. wissensch. Zool. Bd. III, 1851, p. 416—419; Taf. III, Fig. 5—6.

26) Schultze, Max, Ueber die Entwicklung von Ophiolepis squamata, einer lebendig gebärenden Ophiure, in: Müller's Archiv f. Anat. und Physiol. 1852, p. 37—46; Taf. I,

eine ganz neue Sphäre, in ein ganz neues Stadium, und wenn auch
seine eigenen Veröffentlichungen leider nur sehr spärlich und apho-
ristisch sind, so sind doch seine Beobachtungen, die an Gewissenhaftigkeit und Umfang nichts zu wünschen übrig lassen, ja wohl einzig
dastehen in der Geschichte der Ornithologie, so bedeutungsvoll, dass
er mit Recht heute als einer der hervorragendsten Ornithologen der
Gegenwart bezeichnet wird, und dass seine Sammlung, von der BLA-
SIUS mit Fug und Recht sagt, dass sie die interessanteste zwischen
St. Petersburg und Paris ist, von je her das Mecca aller Ornithologen
gebildet hat. Wer aber Gelegenheit gehabt, den Meister des Pinsels
wie des Forschens in seinem Atelier, in seiner Studirstube zu sprechen,
der begreift leicht, dass seine zahllosen Beobachtungen nur zum ge-
ringsten Theile von ihm selbst veröffentlicht wurden: seine Liberalität
in der Benutzung seiner Sammlungen, seine begeisterte Mittheilsamkeit,
sein Leben und Streben für Forschung und Wissenschaft — wie viele
glückliche Stunden mögen wohl da in diesen vier Mauern entschwun-
den sein! In der That! man lese die Berichte über die Besuche
bei H. GÄTKE — wie einstimmig klingt in allen Sprachen das
Lob über seine einzig in ihrer Art dastehende Liebenswürdigkeit, mit
welcher er den Gast empfängt, fesselt und verabschiedet! Mit einer
kleinen Mittheilung über *Emberiza pusilla* auf Helgoland trat er [27])
im Jahre 1853 zum ersten Male an die Oeffentlichkeit. Im selben
Jahre machte W. SCHILLING [28]) einige weitere Mittheilungen über die
Vögel der Insel, C. GEGENBAUR [29]) über die Penisdrüsen von *Litorina*;
die Arten wurden bei Helgoland gesammelt.

Im folgenden Jahre machte C. METTENHEIMER (= METTENIUS) [30])
auf der Insel zootomische Studien, denen er insbesonders *Aphrodite
aculeata*, *Noctiluca miliaris* und die Lucernarien zu Grunde legte.
GÄTKE [31]) verzeichnete einige seltene Vögel der Insel.

---

27) GÄTKE, H., Emberiza pusilla auf Helgoland, in: CABANNIS' Journ.
f. Ornithol. Bd. I, 1853, p. 67.

28) SCHILLING, W., Einige ornithologische Notizen auf Helgoland gesammelt, in: CABANNIS' Journ. f. Ornithol. Bd. I, 1853, p. 69—72.

29) GEGENBAUR, C., Ueber Penisdrüsen von Littorina, in: Zeitschr.
f. wissensch. Zool. Bd. IV, 1853, p. 232—235.

30) METTENHEIMER, C. (= METTENIUS, C.), Ueber den Bau und das
Leben einiger wirbelloser Thiere aus den deutschen Meeren, in: Abhandl.
d. Senckenberg. Naturf. Gesellsch. Bd. I, Heft 1, 1854, p. 1—18.

31) GÄTKE, H., Einige seltene Vögel auf Helgoland, in: CABANNIS'
Journ. f. Ornithol. Bd. II, 1854, p. 69—70.

Inzwischen war auch die Zeit gekommen, in welcher sich die
grosse Menge für die Insel immer mehr und mehr zu interessiren
begann und für alles, was dieselbe zu Wasser und zu Land bietet,
weshalb FR. ÖTKER ³²), „theils zu berichtigen, theils zu ergänzen“,
seine Schilderungen und Erörterungen über die Insel schrieb, in
welchen er dem Fisch- und dem Hummerfang (p. 173), dem Schell-
fischfang (p. 196), den Seegethieren (p. 214), insbesondere aber den
Zugvögeln und dem Vogelfang (p. 468) und schliesslich dem Natur-
kundlichen und Naturwunderlichen (p. 512) besondere Abschnitte widmet.
Wenn auch das Buch auf strenge Wissenschaftlichkeit keinen Anspruch
erheben kann und soll, so ist doch dem Verfasser Gewissenhaftigkeit
und Interesse an der Sache nicht abzusprechen, und sind namentlich
dessen Ausführungen über Fisch- und Hummerfang u. s. w. durch keine
bessere Arbeit überholt. Schon aus diesem Grunde muss ihm hiemit
ein Platz angewiesen werden. Von kleineren Arbeiten ist hier eines
Briefes GÄTKE's an C. BOLLE ³³) über interessante Vögel der Insel,
einer Notiz von E. v. MARTENS ³⁴) über das Vorkommen von *Limnaeus
truncatulus* auf dem Festlande, sowie zweier Aufsätze von J. MÜLLER zu
gedenken, von denen der eine ³⁵) *Mesotrocha sexoculata*, der andere ³⁶)
Sacconereis helgolandica behandelt; im folgenden Jahre zählte E. v.
MARTENS ³⁷) noch weitere Binnenconchylien der Insel auf, GÄTKE verzeichnete ³⁸) weitere seltene Funde und veröffentlichte ³⁹) neue Ideen
über den Vogelzug.

32) ÖTKER, F., Helgoland. Schilderungen und Erörterungen. Mit 1
Ansicht und 2 Karten. Berlin, Dunker, 1855. 8⁰. 585 S.

33) BOLLE, C., Bruchstücke eines Briefes über Helgoland, in: CA-
BANIS' Journ. f. Ornithol. Bd. III, 1855, p. 428—432.

34) MARTENS, ED. v., Ueber die Verbreitung der europäischen Land-
und Süsswassergastropoden, in: Jahreshefte. Ver. f. Naturk. in Würt-
temberg, Jahrg. IX, 1855, p. 129—272. — Separat: Tübingen 1855.
8⁰. 144 S.

35) MÜLLER, M., Ueber die weitere Entwicklung von Mesotrocha sexoculata, in: MÜLLER's Archiv f. Anat. u. Physiol. 1855, p. 1—12; Taf. I.

36) MÜLLER, M., Ueber Sacconereis helgolandica, in: MÜLLER's Archiv
f. Anat. u. Physiol. 1855, p. 13—22; Taf. II u. III.

37) MARTENS, ED. v., Ueber die Binnenmollusken des mittleren und
südlichen Norwegens, in: Malakozoolog. Blätter, Bd. III, 1856, p. 69—117.

38) GÄTKE, H., Bruchstück aus seinen Briefen von Helgoland, in:
CABANNIS' Journ. f. Ornithol. Bd. IV, 1856, p. 377—379.

39) GÄTKE, H., Der Weg der nordamerikanischen Vögel nach Europa,
in: CABANNIS' Journ. f. Ornithol. Bd. IV, 1856, p. 70—75.

An obige Beobachtungen LEUCKART's und C. METTENIUS' schliessen sich im Jahre 1858 weitere von R. LEUCKART und A. PAGENSTECHER [40]) an, welche die Anatomie von *Amphioxus lanceolatus*, die Metamorphose von *Pilidium* (= Nemertinen-Larve), weiters *Tomopteris spec.*, *Sagitta germanica*, *Echinobothrium typus* und die Entwicklung von *Spio* behandeln. Naheliegender, ja begreiflicher Weise war der plötzliche Zuwachs so vieler und so interessanter Vogelarten zur Ornis Europas von hyperskeptischer Seite (CABANIS' Journal f. Ornithol. 1857, p. 143) mit Misstrauen und Zweifel angesehen worden; doch gelang es H. BLASIUS [41]) alle Zweifel über die Provenienz der betreffenden Arten zu verscheuchen, und nachdem diese den Horizont verdüsternde Wolke vorübergezogen war, publicirte GÄTKE [42]) eine Liste all dieser interessanten aussereuropäischen Vogelarten, welche er im Laufe seiner Studien auf Helgoland beobachtet hatte, mit genauen Angaben von Datum, Kleid, Grösse und anderen biologischen Factoren, und bereits im darauffolgenden Jahre erschien, ebenfalls von GÄTKE [43]) verfasst, ein completes Verzeichniss aller bisher auf Helgoland beobachteten Vogelarten — freilich bloss ein nacktes Namensregister. Im folgenden Jahre lieferte er [46]) eine Liste der aus Amerika nach Helgoland zugeflogenen Vogelarten und fügte [47]) seinem Verzeichnisse noch *Charadrius asiaticus* als neu beobachtete Art hinzu; auch NAUMANN [48]) nahm vielfach auf diese Funde Bezug. Von kleineren Arbeiten ist eine

---

40) LEUCKART, R., und PAGENSTECHER, A., Untersuchungen über niedere Seethiere, in: MÜLLER's Archiv f. Anat. u. Physiol. 1858, p. 558 bis 613; Taf. XVII—XXIII.

41) BLASIUS, H., Briefliche Mittheilungen über Helgoland, in: Naumannia, 1858, p. 303—316. — Engl. Uebersetzg., in: Ibis 1862, p. 58—72.

42) GÄTKE, H., Ornithologisches aus Helgoland, in: Naumannia, 1858, p. 419—426.

43) GÄTKE, H., Catalogue of the birds observed in the island of Heligoland, in: Edinburgh New Philos. Journ. N. S. Vol. IX, 1859, p. 333—335.

44) LEUCKART, R., Carcinologisches: Ueber das Vorkommen eines saugnapfartigen Haftapparates bei den Daphniden und verwandten Krebsen, in: Archiv f. Naturg. Jahrg. XXV, 1859, Bd. 1, p. 262—265; Taf. VII, Fig. 5.

45) LIEBERKÜHN, Neue Beiträge zur Anatomie der Spongien, in: MÜLLER's Archiv f. Anat. u. Physiol. 1859, p. 353—382, p. 515—529; Taf. IX—XI.

46) GÄTKE, H., On the occurrence of American birds in Europe, in: Proceed. Zool. Soc. London, 1860, p. 105—108.

carcinologische Notiz von LEUCKART [44]), dann im folgenden Jahre ein Aufsatz von C. GEGENBAUR [49]) über *Didemnum gelatinosum* M. EDW. und ein solcher von A. SCHNEIDER [50]) über die Metamorphose von *Actinotrocha branchiata* zu erwähnen. LIEBERKÜHN [45]) führt von der Insel mehrere neue und schon bekannte Schwämme an, denen HAECKEL [69]) noch eine dritte Art von Kalkschwämmen, *Leucandra nivea*, hinzufügte.

Im Jahre 1863 erschienen E. HALLIER's [51]) Nordseestudien, welche im Abschnitte „Fragmente aus dem Thierleben" (p. 235—282) ein gar buntes Gemisch von Wahrem und Falschem ohne jegliche Quellen- und Literaturangabe enthalten und vielfach dem grossen Leserkreise wenig Ernst an Belehrung zumuthen! Oder ist ein Ernst in diesen „Studien" wenn er schreibt: „Die Strandfliege ist ein kleines, harmloses Thier, welches dem auf den von der Fluth entblössten Klippen Wandelnden nur durch die grosse Anzahl lästig werden kann, denn millionenweise scheucht man diese Thierchen bei der Annäherung von dem Seetang empor. Seltsam geberden sich diese kleinen Geschöpfe im Gegensatz ihrer Geschlechter, und es ist lustig anzusehen, wie sich z. B. auf einem flachen Stein die kleinen Damen und Herren den Hof machen. Ich glaube dabei bemerkt zu haben, dass nicht nur die Herren die Verführer sind, sondern gar oft auch das schöne Geschlecht" — u. s. w. Was die einzelnen Thiergruppen anangt, aus welchen Vertreter aufgeführt werden, so findet man in dieser

---

47) GÄTKE, H., Ueber das Vorkommen von Charadrius asiaticus auf Helgoland, in: Bericht ü. d. Stuttgarter Versammlung deutscher Ornithologen, 1861, p. 67.

48) NAUMANN, J. A., Naturgeschichte der Vögel Deutschlands. Bd. XIII. 1860. 8⁰. Von J. H. BLASIUS, E. BALDAMUS u. FR. STURM. 484 und 316 S.

49) GEGENBAUR, C., Ueber Didemnum gelatinosum M. EDW. Ein Beitrag zur Entwicklungsgeschichte der Ascidien, in: REICHERT und DU BOIS-REYMOND's Archiv f. Anat. und Physiol. 1862, p. 149—168; Taf. IV.

50) SCHNEIDER, A., Ueber die Metamorphose von Actinotrocha branchiata, in: REICHERT u. DU BOIS-REYMOND's Arch. f. Anat. u. Physiol. 1862, p. 47—65; Taf. I u. II. — Extr.: Monatsber. d. Akad. d. Wissensch. Berlin, 24. October 1861.

51) HALLIER, E., Nordseestudien. Hamburg, O. Meissner, 1863. — 2. Aufl. 1869. 8⁰. 336 S. u. 8 Taf., 27 Holzsch.

52) CLAUS, C., Die freilebenden Copepoden mit besonderer Berücksichtigung der Fauna Deutschlands, der Nordsee und des Mittelmeeres. Leipzig, Engelmann, 1863. 4⁰. 230 pg., 37 Taf.

Arbeit 11 Säugethiere, darunter 6 gezüchtete, über 20 Vögel — nach
Gätke's Mittheilung — 48 Fische, 21 Mollusken und 3 Molluscoiden,
4 Insecten, 14 Crustaceen, 7 Würmer, 6 Echinodermen und 14 Coelenteraten. Bei vielen Gattungen ist die Art nicht erwähnt; mehrere
Namen scheinen wohl aus der Luft gegriffen oder missverstanden zu
sein; einige Arten werden in dieser Arbeit zum ersten Mal für das
Gebiet aufgeführt.

In demselben Jahre erschien auch die gründliche Arbeit von
C. Claus [52]) über die Copepoden, in welcher viele Arten aus Helgo-
land aufgeführt werden. Auch in dessen kleineren Arbeiten über die
Schmarotzerkrebse [53]) und die Ctenophoren und Medusen [54]) sind
faunistische Daten anzutreffen. Bezüglich der Wurmfauna bilden die
Aufsätze von Mecznikoff [55 — 57]) eine wesentliche Ergänzung zur
Liste von R. Leuckart, auf welche der Verfasser auch vielfach Rück-
sicht nimmt. Die Artikel von A. Dohrn [58]) über Caprellen und
G. Wagener [59]) über *Beroë* und *Cydippe pileus* enthalten fau-
nistisch nichts Neues; auch der Federkrieg zwischen Dr. F. Buche-
nau [60]) und Gätke [61]) über die neueingesetzten Kaninchen auf der
Düne und deren Schädlichkeit ist nur historisch interessant.

---

53) Claus, C., Beitrag zur Kenntniss der Schmarotzer-Krebse, in:
Ztschr. f. wissensch. Zool., Bd. XIV. 1864. p. 365—383; Taf. XXXIII
bis XXXVI.

54) Claus, C., Bemerkungen über Ctenophoren und Medusen, in: Zeitschr. f. wissensch. Zool. Bd. XIV, 1864, p. 384—393; Taf. XXXVII
bis XXXVIII.

55) Mecznikoff, El., Ueber einige wenig bekannte niedere Thierformen, in: Zeitschr. f. wissensch. Zool., Bd. XV, 1865, p. 450—463;
Taf. XXXV.

56) Mecznikoff, El., Bemerkungen über die Chaetopoden-Fauna von
Helgoland, in: Zeitschr. f. wissensch. Zool. Bd. XV, 1865, p. 336—340;
Taf. XXIV—XXV.

57) Mecznikoff, El., Zur Naturgeschichte der Rhabdocoelen, in: Archiv
f. Naturgesch. Jahrg. XXXI, 1865, Bd. 1, p. 174—181; Taf. IV.

58) Dohrn, A., Zur Naturgeschichte der Caprellen, in: Zeitschr. f.
wissensch. Zool. Bd. XVI, 1866, p. 245—252; Taf. II u. III, Fig. 13.

59) Wagener, G., Ueber Beroë und Cydippe pileus von Helgoland,
in: Müller's Archiv f. Anat. u. Physiol. 1866, p. 116—133.

60) Buchenau, F., Die Zukunft der Düne von Helgoland, in: Petermann's Geogr. Mittheil. 1866, p. 81.

61) Gätke, H., Die Kaninchen auf Helgoland, in: Petermann's
Geogr. Mittheil. 1866, p. 162.

62) Dönitz, W., Ueber Noctiluca miliaris Sur., in: Müller's Archiv f.
Anat. u. Physiol. 1868, p. 138—149.

Im Jahre 1869 publicirte A. LASARD [64]) die Resultate seiner Untersuchungen über den Töck in Bezug auf die in demselben eingeschlossenen Mollusken und kam zu dem sehr interessanten Schlusse, dass die in demselben, eingeschlossenen Fossilien auch noch lebend im nördlichen Deutschland anzutreffen sind, und dass sich im Töck eine vollständige Anhäufung von Süsswassermollusken vorfindet, welche die Ablagerung als zur Diluvialzeit gehörig charakterisiren. FÖRSTER [63]) beschrieb *Agroscopa helgolandica* von Helgoland.

A. METZGER [65]) erwähnt folgende bei Helgoland aufgefundene Thierarten. Mollusken: *Skenea planorbis* FABR. und *Mytilus modiolus* L.; Molluscoidea: *Flustra membranacea* L., *Eschari pora annulata* FABR. und *Mollia hyalina* L.; Crustacea: *Diastylis rathkii* KRY., *Nicea amphitoë* NILS. u. RATHKE, *Atylus vedlomensis* BATE u. WESTW., *Atylus falcatus* METZG., *Amathilla angulosa* RATHKE und *Idotea emarginata* FABR.; Vermes: *Pholoë minuta* FABR., *Ammotrypane aulogaster* RATHKE und *Echiurus vulgaris* SAV.; Echinodermata: *Astropecten mülleri* M. u. TR., und Coelenterata: *Campanularia verticillata* L. — Gewissermassen als eine Ergänzung hierzu mag R. GREEFF's Notiz [66]) über das Vorkommen von *Astropecten helgolandicus*, namentlich aber eine Liste von Mollusken angesehen werden, welche W. KOBELT [67]) publicirte; dieselben stammen von der BERN'schen Expedition im Sommer 1861 aus einem Punkte in 2 Meilen Entfernung nordwestlich von Helgoland; sie sind im Besitze des Senckenbergischen Museums in Frankfurt a./M. — Für die Landfauna ist ein Verzeichniss von Strand-Dipteren von Werth, welches R. v. RÖDER [68]) als Nachtrag zu dem von

---

63) FÖRSTER, A., Ueber die Gallwespen, in: Verhandl. d. zool. bot. Ges. Wien, Bd. 19, 1869, p. 327—370.

64) LASARD, A. N., Neue Beiträge zur Geologie von Helgoland, in: Zeitschr. d. deutsch. geolog. Gesellsch. Bd. XXI, 1869, p. 574—586.

65) METZGER, A., Die wirbellosen Meeresthiere der ostfriesischen Küste, I. in: XX. Jahresbericht d. naturforsch. Gesellsch. Hannover, 1869/70, p. 22—36; II. Beitrag: Ergebnisse der im Sommer 1871 unternommenen Excursionen. Ebenda, XXI, 1870/71, p. 20—34.

66) GREEFF, R., Ueber den Bau der Echinodermen, in: Sitzungsber. d. Gesellsch. zur Beförderung d. gesammt. Naturwiss. zu Marburg, 1871, Nr. 8, p. 9.

67) KOBELT, W., Mollusken von Berna bei Helgoland gesammelt, in: Nachrichtsbl. d. deutsch. Malakozoolog. Gesellsch. Jahrg. IV, 1872, p. 56—58.

68) RÖDER, VON, Strand-Dipteren von Helgoland, in: Berlin. Entom. Zeitschr. Jahrg. XVI, 1872, p. 162.

Dahlbom im Juli 1838 gesammelten Arten giebt; er war im August 1871 auf der Insel gewesen und zählt nur wenige Arten auf.

Von grösster Bedeutung sind die zoologischen Ergebnisse [70]) der Nordseefahrt im Jahre 1872. An der systematischen Bearbeitung der aufgefundenen Thierarten betheiligten sich: für die Fische K. Möbius und Fr. Heincke [71]), für die Tunicaten: C. Kupffer [72]), für die Mollusken: A. Metzger und H. A. Meyer [73]), letzterer allein [74]) für die Gymnobranchia; für die Molluscoidea: Kirchenpauer [75]), für die Crustaceen: A. Metzger und K. Möbius [76]), ersterer für die Edriophthalmen und Podophthalmen, letzterer [77]) für die Copepoden und Cladoceren; für die Würmer: K. Möbius [78]), für die Echinodermen: K. Möbius und O. Bütcshli [79]), für die Coelenteraten und Protozoen: F. E. Schulze [80]—[81]); Spongien, von O. Schmidt bearbeitet, wurden um Helgoland nicht aufgefunden. Ueberdies lieferte auch R. Hertwig [82]) einen Beitrag zur Protozoen-Fauna Helgolands durch die Entdeckung von *Podophrya gemmipara n. sp.*; Cordeaux [83]) verzeichnete 134 Vogel-Arten aus Gätke's Sammlung und versah die Aufzählung mit kritischen Bemerkungen; in der Einleitung werden auch allgemeine Daten über den Vogelflug auf

---

69) Haeckel, E., Die Kalkschwämme. Eine Monographie. Bd. 2. 1872. 8°. 418 S.

70) Zoologische Ergebnisse der Nordseefahrt im Jahre 1872, in: II. und III. Jahresbericht d. Commission z. wissensch. Untersuchung der deutschen Meere. Berlin 1875. 4°. p. 99—315. — Separat: Berlin, Pareys. 1875. gr. 4. 316 S. u. Taf.

71) Möbius K., u. Heincke, Fr., Pisces. Ebenda, p. 311—315.

72) Kupffer, C., Tunicata. Ebenda, p. 197—228; Taf. IV—V.

73) Metzger, A., und Meyer, H. A., Mollusca incl. Brachiopoda. Ebenda, p. 229—264; Taf. VI.

74) Meyer, H. A., Gymnobranchia. Ebenda, p. 265—267.

75) Kirchenpauer, Bryozoa. Ebenda, p. 173—196.

76) Metzger, A., Edriophthalmata und Podophthalmata. Ebenda, p. 277—309.

77) Möbius, K., Copepoda u. Cladocera. Ebenda, p. 269—276.

78) Möbius, K., Vermes. Ebenda, p. 153—171.

79) Möbius, K., u. Bütschli, O., Echinodermata. Ebenda, p. 143 bis 151; 1 Taf.

80) Schulze, F. E., Coelenterata. Ebenda, p. 121—142; 2 Taf.

81) Schulze, F. E., Foraminifera. Ebenda, p. 99—120.

82) Hertwig, R., Beitrag zur Kenntniss der Acineten, in: Morpholog. Jahrbuch, Bd. I, 1876, p. 20—82; Taf. I und II. — Separat: Jena, Habilitationsschrift, 1875. 8°. 62 S. 2 Taf.

Helgoland beigebracht — das Resultat einer zweitägigen Studie. Eine weitere kleine Notiz desselben Autors [84]) behandelt einige Beobachtungen im Herbste 1875, worüber auch GÄTKE [85]) und weiters H. SCHALOW [86], [87]) in zwei Notizen Bericht erstattete. H. SEEBOHM [88]) veröffentlichte einige kritische Bemerkungen zur Liste von CORDEAUX nach den bei GÄTKE zwischen dem 23. September und 18. October eingesehenen Exemplaren — eine sehr wichtige Arbeit für die Ornithologie der Insel. In demselben Jahre stellte auch O. TASCHENBERG [89]) eine für die deutsche Fauna neue Lucernarien-Art, *Craterolophus leuckarti,* aus der Gegend von Helgoland auf.

Sehr reich an Publicationen war das folgende Jahr 1878, in welchem fast jede Thiergruppe mit einem oder dem anderen Funde bedacht wurde. GÄTKE [90]) schrieb über das Vorkommen von *Larus affinis,* SCHALOW [91]) über das von *Phylloscopus viridanus* BLYTH, E. EHLERS [92]) entdeckte eine neue Fundstelle von *Amphioxus lanceolatus,* unweit der Insel, VAN HAREN-NOMAN [93]) theilte eine Liste von Tunicaten und Mollusken der Nordsee mit, in welcher Helgoland

83) CORDEAUX, J., Notes on the birds of Heligoland in Mr. GÄTKE's collection, in: Ibis, 1875, p. 172—188.

84) CORDEAUX, J., On the birds of Heligoland, in: Ibis. 1876, p. 128.

85) GÄTKE, H., Brief über Helgoländer Vögel, in: Protokoll der Januar-Sitzung der allgem. deutsch. ornitholog. Gesellsch. in Berlin, in: CABANNIS' Journ. f. Ornithol. Bd. XXXIV, 1876, p. 99—100.

86) SCHALOW, H., Nach brieflichen Mittheilungen H. GÄTKE's über die Vögel von Helgoland, in: CABANNIS' Journ. f. Ornithol. Bd. XXV, 1877, p. 110.

87) SCHALOW, H., Ueber die Ornis von Helgoland, in: Protokoll der April-Sitzung d. allgem. deutsch. ornitholog. Gesellsch. in Berlin, in: CABANIS' Journ. f. Ornithol. Bd. XXV, 1877, p. 219.

88) SEEBOHM, H., Supplimentary notes to the ornithology of Heligoland, in: Ibis, 1877, p. 156—165.

89) TASCHENBERG, O., Anatomie, Histologie und Systematik der Cylicozoa LEUCK., einer Ordnung der Hydrozoa, in: Zeitschr. f. d. gesammte Naturwissensch. Bd. L, 1877, p. 1—104; Taf. I und II. — Separat: Halae 1877. 8⁰. 104 S. 2 Taf.

90) GÄTKE, H., Larus affinis, in: Ibis, 1878, p. 489.

91) SCHALOW, H., Phylloscopus viridanus BLYTH auf Helgoland, in: Ornitholog. Centralbl., Jahrg. III, 1878, p. 181.

92) EHLERS, E., Amphioxus von Helgoland, in: Zoolog. Anzeiger, Jahrgang I, 1878, Nr. 11, p. 247—248.

wiederholt genannt wird; R. Greeff[96]) unterschied die helgoländische *Tomopteris*-Art von der mediterranen als *Tomopteris helgolandica n. sp.*; R. Böhm[94]) beschrieb 14 in der Umgebung Helgolands gefangene Leptomedusen, und A. Schneider[95]) besprach sehr ausführlich eine bei Helgoland aufgefundene *Miliola*-Art im Gegensatze zu einer zweiten auf Föhr gefundenen Form.

Auch das Jahr 1879 gab dem vorhergehenden wenig nach. Ausser einigen neuen Zuwüchsen zur Ornis Helgolands[97]—[99]), insbesondere der *Emberiza pyrrhuloides*[100]), veröftentlichte Gätke auch zwei zusammenstellende übersichtliche Aufsätze über den Vogelzug auf Helgoland[101], [102]). S. Fries[103]) beschrieb das Vorkommen von *Gammarus puteanus* Koch auf Helgoland, Kling[104]) und Hertwig[105]) untersuchten *Craterolophus tethys* aus Helgoland, und E. Haeckel[106])

93) Haren-Noman, L. van, Lijst der Mollusca uit de Noordzee, in: Tijdschr. d. nederl. dierk. Vereeniging, III. Deel, 4. Afl. Jaarversl. zool. Stat. 1878. p. 21—32.

94) Böhm, A., Helgoländer Leptomedusen, in: Jenaische Zeitschr. f. Naturw. Bd. XII, 1878, p. 68—203; Taf. II—VII.

95) Schneider, A., Beitrag zur Kenntniss der Protozoen, in: Zeitschr. f. wissensch. Zool. Bd. XXX, Suppl. 1878, p. 446—455.

96) Greeff, Rich., Ueber pelagische Anneliden von der Küste der canarischen Inseln, in: Zeitschr. f. wissensch. Zeitschr. Bd. XXXII, Heft 2, 1879, p. 237—283.

97) Gätke, H., On recent ornithological captures at Heligoland, in: Ibis, Vol. III, 1879, p. 102—104.

98) Gätke, H., On rare and occasional visitors to Heligoland, in: Ibis, Vol. III, 1879, p. 378—380.

99) Gätke, H., On some Heligoland birds, in: Ibis, Vol. III, 1879, p. 220.

100) Gätke, H., Der Gimpel-Ammer, Emberiza pyrrhuloides, auf Helgoland erlegt, in: Ornitholog. Centralbl. Jahrg. IV, 1879, Nr. 11, p. 86—87.

101) Gätke, H., The migration of birds, in: Nature, Vol. XX, Nr. 500, 1879, p. 97—99.

102) Gätke, H., On the birds of Heligoland, in: Proceed. of U. St. National-Museum, Vol. II, 1879, in: Smithson. Miscell. Collect. Vol. XIX, 1880, p. 51—55.

103) Fries, S., Mittheilungen aus dem Gebiete der Dunkelfauna, in: Zoolog. Anzeiger, Jahrg. II, 1879, Nr. 10, p. 33—36.

104) Kling, O., Ueber Craterolophus Tethys, in: Morphol. Jahrbuch, Bd. V, 1879, p. 141—166; Taf. IX—XI.

105) Hertwig, O. u. R., Die Actinien anatomisch und histologisch mit besonderer Berücksichtigung des Nervensystems, in: Jenaische Zeitschr. f. Naturwiss. Bd. 13, 1879, p. 437—640; Taf. XVII- XXVI.

verzeichnete eine grosse Anzahl neuer Medusen aus dem Faunenge-
biete der Insel.

Im Jahre 1880 beschrieb E. v. HOMEYER [107]) seine Reiseein-
drücke und erinnert sich in sehr warmer Weise an den Besuch bei
GÄTKE, doch ohne über die Ornis mehr als einige fragmentarische
Notizen beizubringen, um GÄTKE's Publication über dieselbe in keiner
Weise vorzugreifen. H. REHBERG [108]), welcher einen brackwasser-
haltigen Brunnen *) auf der Insel auf seine Thierwelt untersuchte,
fand in demselben *Achorutes murorum* BRL., *Hyalina cellaria*
O. F. MÜLLER, *Oniscus murarius* CUV., *Pleuroxus puteanus n. sp.*
und *Cyclops helgolandicus n. sp.* Dr. JOSEPH [109]) schilderte die

106) HAECKEL, E., Das System der Medusen, in: Denkschrift d.
Medic.-naturwiss. Gesellsch. Jena. Bd. I, 1879, gr. 4⁰. 672 S. und
40 Taf.

107) HOMEYER, E: VON, Reise nach Helgoland, den Nordseeinseln
Sylt, List u. s. w. Frankfurt a./M., Matlau u. Waldschmidt, 1880. 8⁰. 91 S.

*) Bezüglich des Vorkommens von Süsswasser auf der Insel und
Düne schreibt bereits MUSHARD: „... Man findet daselbst — auf der Düne
— ... zwei Brunnen, die süsses Wasser geben" ... und weiters von der
Insel: „ingleichen zwei tiefe Brunnen, deren Wasser zwar nicht so sehr
salzig, das aber auch nicht recht süsse ist ....", und HOFFMANN schreibt
über dieselben: „Wahre Quellen gibt es auf dem Oberlande von Helgoland
nicht, doch findet man in 4—6' Tiefe überall Wasser, seines unreinen
salzigen Geschmackes wegen wird es indes von den Insulanern nur im
Nothfall getrunken, welche das Regenwasser sorgfältig aufsammeln. Drei
kleine Pfützen, die sog. Sapskuhlen, deren eine nur selten austrocknet,
umschliessen die wenigen Wasserpflanzen, welche das nachfolgende Verzeichniss nennt. Im Vorlande der Insel hat man am Rande des Felsens
in 32' Tiefe eine wasserreiche süsse Quelle erbohrt, sie scheint aus einer
Felsenschicht, die man überall von Wasser triefend etwa 40' unter der
Südwestspitze der Insel zuerst entblösst sieht, ihren vorzüglichsten Zufluss
zu erhalten. — Sehr merkwürdig sind überdies noch zwei Brunnen süssen
Wassers auf der Düne der Sandinsel, welche der Hauptinsel in geringer
Entfernung ostwärts gegenüberliegt. Sie sind etwa 14' tief, und das
Wasser sammelt sich in ihnen durch langsames Zusammenlaufen aus dem
umgebenden Sande. Die Tiefe, bis zu welcher es den Brunnen erfüllt,
hängt vom Stande des Meeres ab, denn es fällt und steigt darin mit Ebbe
und Fluth, selten wächst es mit der letzteren über 2' hoch und fällt dann
wieder bis auf 1 oder ¹/₂'. Es würde von grosser Wichtigkeit seyn, diese
Erscheinung, welche zunächst auf den Ursprung mancher Küstenquellen
ein neues Licht zu werfen scheint, mit allen ihren Umständen zu er-
forschen ...." Vergl. übrigens auch OTKER, Helgoland, 1855, p. 115.

108) REHBERG, H., Zwei neue Crustaceen aus einem Brunnen auf
Helgoland, in: Zoolog. Anzeiger Jahrg. III, 1880, Nr. 58, p. 301
bis 303.

Biologie von *Actora aestuum* MG., einer strandbewohnenden Fliege
der Insel. Eine sehr werthvolle Arbeit über die Fauna Helgolands
lieferte Br. E. DE SELYS-LONGCHAMPS [111]). Dieselbe betrifft in
erster Linie die Vögel in GÄTKE's Sammlung, welche der Verfasser
im September 1880 kritisch zu durchmustern Gelegenheit nahm und
über die er hochwichtige Notizen in Bezug auf Systematik, Biologie
u. s. w. beibringt; dann ein Verzeichniss von Insecten, namentlich
Schmetterlingen, welche er in GÄTKE's Sammlung bestimmte; ein Ab-
druck der Liste erschien später auch in einem englischen entomolo-
gischen Journale anonym [112]). Auch briefliche Mittheilungen
GÄTKE's wurden mehrmals hereingezogen. GÄTKE [113]) verzeichnete
einige seltenere Vögel der Insel; WAHNSCHAFFE [114]) theilt mit, dass
er auf der See zwischen Deutschland und Helgoland einen Todten-
kopfschwärmer gefangen habe.

Sehr werthvoll sind in Bezug auf die Statistik der Seefischerei
die Mittheilungen, welche LINDEMANN [110]) auf Grund von GÄTKE's
Angaben vorbringt; sie beziehen sich auf die Fische wie auf Hummer-
und Austernfang und werden im systematischen Theil entsprechend
berücksichtigt werden.

In den letzten Jahren nimmt die Literatur im Allgemeinen wieder
ab. L. v. GRAFF [115]) verzeichnet mehrere Turbellarien aus dem
Aquarium in Frankfurt a./M., welche auf Steinen vorkamen, die höchst
wahrscheinlich bei Helgoland aufgehoben worden waren. FR. VON

109) JOSEPH, G., Anatomische und biologische Bemerkungen über
Actora aestuum MEIG., einer am Strande der Nordseeinseln Helgoland und
Sylt einheimischen Fliege, in: Zoolog. Anzeiger, Jahrg. III, 1880, Nr. 56,
p. 250—252, und Jahresber. d. schles. Gesellsch. f. vaterl. Cultur, 1879,
p. 202—203.

110) LINDEMANN, MORITZ, Die Seefischerei,. ihre Gebiete, Betrieb und
Erträge in den Jahren 1869—1878, in: Ergänzungsheft Nr. 60 zu PE-
TERMANN's Mittheilungen, 1880. 4°. 95 S.

111) SELYS LONGCHAMPS, EDM. DE, Excursion à l' île d'Helgoland en
Septembre 1879, in: Bullet. d. l. Soc. Zool. France, Vol. VII, 1882,
p. 250—279.

112) Anonym: Notes on the Lepidoptera of Heligoland, in: Entom.
Monthly Magaz. Vol. XIX, Dec. 1882, p. 164—165.

113) GÄTKE, H., Notizen über das Vorkommen seltener Arten auf
Helgoland, in: Mittheil. des ornitholog. Ver. Wien, Jahrg. VI, 1882,
Nr. 6, p. 62.

114) WAHNSCHAFFE, M., Ein Todtenkopf auf See, in: Entomol. Nachricht. Jahrg. VIII, 1882, p. 320—321.

STEIN's [116]) Monographie der Infusorien enthält im 2. Theile einige bei Helgoland gefundene Cilioflagellaten, und JORDAN [118]) zählt von der Insel 6 Arten von Binnenmollusken auf; die siebente, *Hydrobia ulvae*, jedoch kann nicht als solche betrachtet werden, sondern ist marinen Ursprungs; POPPE [117], [125]) notirte einige Crustaceen der Insel. Seit dem Jahre 1885 sendet GÄTKE [119]) die auf Helgoland gemachten ornithologischen Beobachtungen in tagebuchartigen Aufzeichnungen ein, welche gerade in dieser Form ein sehr treues und ungetrübtes Bild über den Vogelzug auf der Insel geben.

Von kleineren Arbeiten ist eine Notiz von GURNEY [120]) über eine schwarzkehlige Varietät von *Fringilla montifringilla* zu erwähnen, sowie eine weitere von DEPUISET [121]), über *Spilosoma zatima var. nova deschangei*. — Sehr werthvoll ist endlich eine Zusammenstellung der *Phyllopseuste*-Arten, welche bisher auf Helgoland beobachtet wurden, durch A. VIAN [122]). Es sind dies ausser den 4 europäischen *Ph. rufus* BP., *trochilus* BR. *sibilatrix* BR. und *bonellii* BP. deren 8 asiatische, nämlich: *Ph. borealis* KEIS., *nitida* GRAY, *viridana* GRAY, *coronata* BP., *fuscata* BP., *tristis* BLYTH, *proregulus* MIDD., *superciliosa* SCHR. Endlich lieferte G. PFEFFER [123]) eine Liste von

115) GRAFF, L. v., Monographie der Turbellarien, I. Rhabdocoelida. Leipzig, Engelmann, 1882. gr. 4. 20 Taf.

116) STEIN, FR. R. von, Der Organismus der Infusionsthiere. Leipzig, Engelmann. III. Abth., 2. Hälfte. 1883. Fol. 25 S. u. 25 Taf.

117) POPPE, S. A., Ueber die von den Herren Dr. ARTHUR u. AUREL KRAUSE im nördlichen Stillen Ocean und Bering-Meer gesammelten freilebenden Copepoden, in: Archiv f. Naturgesch. Jahrg. L, 1884, Bd. 1, p. 281 u. folg.

118) JORDAN, H., Die Binnenmollusken der nördlich gemässigten Länder von Europa und Asien und der arktischen Länder, in: Acta Acad. Leopold. Vol. XLV, Nr. 4, 1884. — Separat: Leipzig 1884. 4⁰. 8 Taf.

119) GÄTKE, H., Jahresbericht über den Vogelzug auf Helgoland, in: Ornis, Jahrg. I, 1885, p. 164—196 (I, 1884), II, 1886, p. 101—148 (II. 1885) u. III, 1887, p. 394—447 (III. 1886).

120) GURNEY, J. H., jr., Variety of the brambling (Fringilla montifringilla), in: Zoologist (3), Vol. IX, Sept. 1885, p. 346.

121) DEPUISET, A., Note sur une aberration de la Spilosoma zatima, in: Annales d. l. Soc. Entom. de France (6), Tome VI, 1886, p. 283—284.

122) VIAN, ALEX., Notice sur les espèces asiatiques du genre Pouillot (Phyllopseuste) capturées dans l' île d'Helgoland, in: Bulletin d. l. Soc. Zool. France, Tome XI, 1886, p. 652—670.

123) PFEFFER, G., Beitrag zur Meeres-Molluskenfauna von Helgoland, in: Verh. d. Ver. f. naturwiss. Unterhaltg. in Hamburg, Bd. 6, 1887, p. 98—99.

32 Meeresconchylien, welche Otto von Döhren während eines mehr-wöchentlichen Aufenthaltes in Helgoland und auf der Düne sammelte, sowie derselbe [124]) auch die Zahl der Binnenconchylien auf 10 zu vermehren im Stande war. Cordeaux' [126]) reizend geschriebenes Essay über die Insel giebt uns eine photographische Ansicht von H. Gätke's Garten- und Arbeitssaal und erörtert insbesonders die Zugverhältnisse einiger Vogelarten, sowie der *Vanessa cardui*; überdies verzeichnet er die 17 von der Insel bekannten *Emberiza*-Arten, unter denen *E. cinerea* Strickl. für die Insel neu ist. Möbius [127]) berichtete über die Rothfärbung des Meeres durch Noctiluken, auch die Beobachtung von Dönitz [62]) hereinziehend. Die letzte Arbeit stammt von Poppe [128]) und zählt 4 Crustaceen von Helgoland auf.

Hiermit erscheint die Literatur über die Fauna Helgolands abgeschlossen, und wir gehen nun zur Aufzählung der einzelnen Arten über.

---

124) Pfeffer, G., Die Binnen-Conchylien der Insel Helgoland, in: Verhandl. d. Ver. f. naturwiss. Unterhaltg. in Hamburg, Bd. 6, 1887, p. 99.

125) Poppe, S. A., Ein neuer Podon aus China nebst Bemerkungen zur Synonymie der bisher bekannten Podon-Arten, in: Abhandl. d. Naturwiss. Ver. Bremen, Bd. X, Heft 2, 1888, p. 95—100.

126) Cordeaux, John, Heligoland, in: The Naturalist, London, Nr. 150, 1888, p. 1—12; Photogr.

127) Möbius, K., Nachträgliche Bemerkungen über Organismen, welche das Meerwasser roth färben, in: Sitzungsber. d. Gesellsch. Naturf. Fr. Berlin, 1888, p. 17—18.

128) Poppe, S. A., Notizen zur Fauna der Süsswasser-Becken des nordwestlichen Deutschland mit besonderer Berücksichtigung der Crustaceen, in: Abhandl. des Naturwiss. Ver. Bremen, Bd. X, Heft 3, 1889, p. 517—551; T. 8.

I. Typus: Vertebrata, Wirbelthiere.

I. Cl. Mammalia, Säugethiere.

Literatur: Mushard 1, Hoffmann 3, Ötker 32, Hallier 51, Buchenau 60, Gätke 61, Selys 111.

Von Säugethieren finden sich ausser der Hauskatze (*Felis domestica* L.) und dem Haushunde (*Canis familiaris* L.), dem Rinde (*Bos taurus* L.), dem Schafe (*Ovis aries* L.) und dem Schweine (*Sus scropha* L.), die sämmtlich als Hausthiere gehalten werden, nur 6 Arten, von denen 4 auf dem Festlande und 2 im Meere vorkommen; eine Art ist ausgerottet. Diese sind:

Vesperugo nilssonii Keys. und Bl. — Kommt nach H. Gätke jeden Herbst auf dem Zuge ziemlich zahlreich vor. Ich habe Exemplare eingesehen.

V. serotinus (Schrb.). — Auf der Insel gefangen: Selys.

Mus musculus L. — In Häusern und Waarenlagern.

M. decumanus L. — Ueber das Erscheinen derselben auf der Insel ist den Bewohnern keine Nachricht geblieben, und selbst die Aeltesten erinnern sich nicht, etwas von ihrer Einwanderung vernommen zu haben. Zwar erwähnt sie Pontoppidan (1765) noch nicht in seinem Verzeichnisse dänischer Thiere; dessen ungeachtet ist es aber wahrscheinlich, dass sie bald nach ihrem Erscheinen in England, wo man sie 1730 zuerst bemerkte, hierher verpflanzt wurde. In Frankreich fand sie sich 1755 ein, im Innern Deutschlands wurde sie etwa 1770 bekannt. Sie beeinträchtigen hier wie überall die Packhäuser und Waarenlager, und ihre Ausrottung ist schwierig, da sie sich häufig in den unzugänglichen Felsklüften aufhalten.

Phoca vitulina L. — Nach Hoffmann zur Ebbezeit in Schaaren zu 100 und mehr Stücken auf den weit gegen NO. freiliegenden Kreideklippen, welche von ihnen den Namen „Seehundsklippen" tragen und durch die aufgerichteten Köpfe fernhin am Horizont auffallen. Selten lassen sie ein Boot auf Büchsenschussweite herankommen, ohne mit Geräusch ins Wasser zu springen und zu entfliehen; einzelne, die sich in stürmischer Zeit oder bei starker Kälte auf die Dünen verirren, werden zuweilen von den Insulanern und Badegästen erlegt. Nunmehr sind sie ungleich seltener geworden und zeigen sich nur mehr in einzelnen Exemplaren, namentlich vor Sonnenaufgang.

Phocaena communis L. — Umschwärmen oft in Menge das Land; sie schwimmen die Elbe bis Glückstadt hinauf, und man sieht sie dort häufig furchtlos ganz nahe bei den Fahrzeugen vorbeigleiten; beim Athemholen stossen sie mit einer hüpfenden Bewegung im Bogen hinauf, um vorwärts niederzuschiessen. — Die oft gerühmte wundervolle Klarheit des Wassers lässt sie zuweilen aus grosser Nähe mit vollendet scharfen Umrissen betrachten. Man stellt ihnen im Grossen nicht nach, weil — wie HOFFMANN glaubt — „eine früh erlangte Scheu die Fischer zurückhielt, sie zu beschädigen, besitzen sie kein Geräth, das zu ihrem Fange geeignet wäre".

Lepus cuniculus L. — Wird bereits von MUSHARD angeführt, demzufolge auf der Düne sehr viele vorhanden waren. HOFFMANN theilt mit, dass die rauhe Luft und der Mangel an Nahrung ihrer Fortpflanzung Schranken setze, so dass sie schon öfter durch neue Stücke ersetzt werden mussten. Im Jahre 1866 machte Prof. F. BUCHENAU darauf aufmerksam, dass durch diese Thiere die Düne in hohem Grade gefährdet würde, wogegen H. GÄTKE im Namen der englischen Regierung allen Ernstes protestirt. Schliesslich wurden sie durch Jäger und Frettchen ausgerottet, so dass HALLIER im Jahre 1869 constatirt, dass die Düne bereits frei von Kaninchen sei — wie sie es allerdings schon 1863 gewesen war.

Schliesslich ist noch zu erwähnen, dass nach ÖTKER im Spätherbste 1849 ein todter weiblicher Walfisch (*Balaena mysticetus* L.) von 75 Fuss Länge bei Helgoland strandete; man gewann Fett und Fischbein aus demselben, bugsirte aber schliesslich das Aas auf die Düne, wo es ein Sturm in Sand einhüllte, so dass das Thier der Wissenschaft verloren ging. Nach Angaben Einiger soll früher, sogar vor nicht all zu langer Zeit, von den Helgoländern Walfischfang betrieben worden sein, was aber sehr zweifelhaft ist; auffallend bleibt jedoch immerhin, dass noch gegenwärtig viele Walfischknochen auf der Insel, namentlich auf dem Oberlande, als Grenzpfähle dauerhafte Verwendung gefunden haben. Vermuthlich stammen dieselben gleichfalls von angetriebenen Thieren her.

Weiters scheint mir die Mittheilung H. GÄTKE's von Interesse, dass sich im amtlichen Archiv der Insel Gerichtsprotokolle finden, die bis 1445 zurückreichen; in einem derselben steht das ausdrückliche Verbot „bei Strafe eines Species-Thalers (dänische Münze) auf dem Hingstplatze (dem grossen freien Platze nahe der Kirche) nach Maulwürfen (*Talpa europaea*) zu graben, da so gemachte Löcher für Passanten in der Dunkelheit gefährlich seien". Es gab also seinerzeit auch Maulwürfe auf der Insel, welche nun seit vielleicht 200 Jahren verschwunden sind — es dürfte auch dies auf einen in altersgrauer Vorzeit stattgehabten Zusammenhang Helgolands mit dem Festlande hindeuten.

II. Cl. Aves, Vögel.

Systematische Anordnung und Nomenclatur nach DRESSER, H. E., A list of European birds etc. London 1881. 8°. 40 pg. — Die dort nicht aufgeführten Arten sind mit * bezeichnet.

Literatur: Mushard 1, Hoffmann 3, Naumann 16, 48, Paulssen 17, Gätke 27, 31, 38, 39, 42, 43, 46, 47, 85, 90, 97—102, 113 u. 119, Schilling 28, Ötker, 32, Bolle 33, Blasius 41, Hallier 51, Cordeaux 83 u. 84, Schalow 82, 83 und 87, Seebohm 84, v. Homeyer 103, de Selys 106, Gurney 120, Vian 122.

Ord. Passeres.

Fam. *Turdidae.*

Turdus viscivorus L. — Naumann, Gätke.

T. musicus L. — In grosser Menge: Naumann, Gätke.

T. iliacus L. — In grosser Menge: Naumann, Gätke; eine dunkle Varietät ähnlich T. sibiricus: Cordeaux.

T. pilaris L. — In grosser Menge: Naumann, Gätke.

T. ruficollis Pall. — Blasius, Gätke; Ende November 1843: Cordeaux; October 1841, junges Stück: Selys. Seebohm bestätigt die Richtigkeit der Bestimmung.

T. obscurus Gm. = T. fuscatus Pall. — 10. October 1880 ein schönes Exemplar: Selys.

T. varius Pall. = T. whitei Gould = T. aureus Holb. — 3 Exempl., darunter das von Gould abgebildete: Naumann; Blasius. Zieht mit Phylloscopus superciliosus, Emberiza pusilla, Anthus cervinus, Muscicapa parva u. Turdus swainsoni: Gätke. Beobachtet: 1835 zwei Exemplare, 3. Oct. 1849, 4. Oct. 1864, 23. Apr. 1869, ♂, 1. Oct. 1869, 16. Oct. 1869, ♀, 18. Sept. 1870: Cordeaux; 11mal; Stücke im April, September und October erlegt: Selys, Seebohm bestätigt die Richtigkeit der Bestimmung.

T. atrigularis L. — Zweimal vorgekommen: Selys.

T. merula L. — Naumann, Gätke.

T. torquatus L. — Naumann, Gätke.

T. solitarius Wils. — Im Herbste 1835 von Reymers gefangen; auch Gätke sah ein Stück: Selys.

T. migratorius Temm. — Ein Stück am Leuchtthurm 16. Oct. 1874: Selys.

T. fuscescens Steph. = T. wilsoni Bp. — Von Reymers 1834 gefangen: Selys.

T. minor Gm. = T. swainsoni Cab. — Mit Turdus varius u. s. w. am 1. Oct. 1869: Gätke; ein reifes ♂: Cordeaux, Selys. Seebohm bestätigt die Richtigkeit der Bestimmung.

T. rufescens auct.? aus Sibirien wird einmal — wohl irriger Weise — von Gätke angeführt.

Harporhynchus rufus (L.) = Turdus rufus L. — Blasius; im October 1837: Gätke; Anfangs des Winters 1838 erlegt und nach Hamburg verkauft: Selys.

Mimus carolinensis (L.) = Turdus lividus L. — Blasius; 28. Oct. 1840: Gätke; von Reymers erlegt und jetzt in Gätke's Sammlung: Selys. — Aus Nordamerika.

Monticola saxatilis (L.) — Nur ein junges Individuum: NAUMANN; 17. Mai 1860, junges Exemplar, 12. Nov. 1874: CORDEAUX; 6 Stücke beobachtet; von 3 erlegten 2 ausgewachsen, 1 jung: SELYS.

M. cyanea (L.). — 1 Expl. in GÄTKE's Sammlung: CORDEAUX, SELYS.

Cinclus melanogaster C. L. BR. = C. aquaticus borealis auct. — NAUMANN, GÄTKE. Die mitteleuropäische Form ist auf der Insel unbekannt: SELYS.

*C. *pallasii* TEMM. = C. septentrionalis NAUM.? — NAUMANN, BLASIUS; 31. Dec. 1837: GÄTKE und ein zweites Mal: SELYS.

Saxicola oenanthe (L.). — In grosser Menge: NAUMANN, BOLLE, GÄTKE; sehr zahlreich im Frühling und Herbst, auch auf der Düne. Am 19. Sept. Nachmittags ein Zug sehr niedrig von Nordost her: CORDEAUX.

S. albicollis VIEILL. = S. rufescens BRISS. = S. aurita auct. — BLASIUS; 26. October 1851: GÄTKE; 12. Mai 1860, altes ♂: CORDEAUX. SEEBOHM bestätigt die Richtigkeit der Bestimmung beider Stücke.

S. deserti RÜPP. = S. stapazina auct. — BLASIUS, GÄTKE, SCHALOW. Jedes Jahr beobachtet, doch nur 2mal erlegt: CORDEAUX; nach SEEBOHM am 4. Oct. 1855 ein ♀, am 26. Oct. 1856 ein ♂ erlegt und von ihm mit dieser Art identificirt; 3 Expl. im Frühling und Herbst: SELYS.

*S. *stapazina* L. — 1 Stück: SELYS. Aus Marocco.

S. morio EHRH. = G. leucomela PALL. — 9. Mai 1867, altes ♂: CORDEAUX, SELYS.

S. leucura (GM.). — GÄTKE; vor 15—20 Jahren ein Expl. im Herbst am 17. Mai 1873, ♂, CORDEAUX; 1 Expl. 11. Aug. 1880: SELYS.

Pratincola rubetra (L.) — NAUMANN, BOLLE, GÄTKE; gemein im Herbste und noch zahlreicher als P. rubicola: CORDEAUX.

P. rubicola (L.) — NAUMANN, GÄTKE; gemein im Herbst, erscheint Anfangs September: CORDEAUX.

Ruticilla phoenicura (L.) — NAUMANN, BOLLE, GÄTKE; ein häufiger Zugvogel, namentlich zur Nachtzeit am Leuchtthurm; vielleicht darunter auch folgende Art: CORDEAUX.

R. mesoleuca (EHRH.) — GÄTKE, 12. Juni 1864, ♂; SEEBOHM, SELYS.

R. tithys (SCOP.) — NAUMANN, GÄTKE; nicht selten, ein ♀ oder junger Vogel am 14. Sept.: CORDEAUX.

R. moussieri OLPH.-GALL. — In GÄTKE's Sammlung: SELYS.

R. erythrogastra GULD. — Wird von GÄTKE einmal erwähnt — wohl irrthümlicher Weise.

Cyanecula wolfii C. L. BR. = Sylvia coerulecula und leucocyanea auct. — NAUMANN, SCHILLING, GÄTKE.

C. suecica (L.) = Sylvia cyanea u. ruficyanea auct. — NAUMANN, GÄTKE; häufiger Zugvogel. Erscheint im Mai zu 20—30, bei warmer Witterung, sonst nur spärlich und zieht Ende August in grösserer Anzahl als im Frühlinge. Im Frühling im Gebüsch der Gärten, im Herbste in Kartoffelfeldern: CORDEAUX, SELYS.

Erithacus rubecula (L.) — HOFFMANN, NAUMANN, GÄTKE.

Daulias luscinia (L.) — NAUMANN, GÄTKE.

D. philomela (L.) — NAUMANN, GÄTKE.

Sylvia rufa (Bodd.) — Naumann, Gätke.
    var. *brehmi* Hom. — Selys.
S. curruca (L.) — Naumann, Gätke.
S. cinerea (L.) — Naumann, Gätke.
S. melanocephala (Gm.) — 20. April 1863: Cordeaux, Selys.
S. orphea Temm. — Naumann, Blasius, Gätke; 1 Expl. Selys.
S. atricapilla (L.) — Naumann, Gätke.
S. salicaria (L.) == S. hortensis Lath. — Naumann, Blasius, Gätke.
S. nisoria Bechst. — Naumann, Gätke.
Melizophilus undatus (Bodd.) == Sylvia provincialis Gm. — Gätke; 2mal
    beobachtet: Selys.
Regulus cristatus Koch == R. flavicapillus Naum. — Naumann, Gätke;
    im October in grossen Flügen: Cordeaux.
R. ignicapillus (C. L. Br.) == R. pyrocephalus Br. — Naumann, Gätke.
Phylloscopus superciliosus (Gm.) == Regulus modestus auct. == Phyllo-
    pneuste proregulus auct. == Sylvia bifasciata Gätke. — Mit Turdus va-
    rius, Emberiza pusilla, Anthus cervinus, Muscicapa parva und Turdus
    swainsoni, dann Anthus richardi beobachtet: Gätke; zieht regelmässig
    jeden Herbst bei NO. ankommend zwischen 19. September und 16. Oc-
    tober: Cordeaux; über 60mal beobachtet, fast jedes Jahr; 25 Stücke
    gefangen: Selys. — Aus Indien und Süd-China. Der ächte
Ph. proregulus Pall. wurde 2mal beobachtet: Selys. Aus Daurien.
Ph. tristis Blyth — nach Seebohm vorgekommen. — Aus Asien.
Ph. trochilus (L.) — Bolle, Gätke.
Ph. sibilatrix (Bechst.) — Naumann, Gätke.
Ph. bonellii (Vieill.) == Ph. nattereri Temm. — Gätke; 8. Oct. 1861,
    9. Oct. 1874: Cordeaux, Selys.
Ph. fuscatus Blyth. — Nach Seebohm von Gätke gefangen. — Aus
    Indien, Sibirien und China.
Ph. coronatus Temm. u. Schl. — Nach Seebohm von Gätke gefängen;
    von Selys identificirt. — Aus Japan, Sibirien und Malayen-Gebiet.
Ph. viridanus Blyth. — Nach brieflicher Mittheilung Gätke's an Scha-
    low das erste Mal am 25. Sept. 1878, dann wieder 30. Mai 1879 und
    noch ein drittes Mal erbeutet: Selys. — Aus Cashmir und Indien.
Ph. nitidus Blyth. == Hypolais icterina Cord. nec auct. — Nach brief-
    licher Mittheilung Gätke's an Schalow am 11. Oct. 1867 mit Ph. su-
    perciliosus erbeutet; in Gätke's Sammlung: Cordeaux, Selys. — Vom
    Himalaya.
Ph. borealis (Blas.) == Ph. javanica auct. — Gätke; 6. Oct. 1854, altes
    ♂, 1. Juni 1859 von Gätke beobachtet: Cordeaux, Selys. — Aus
    Asien. Ueberdies versichert Gätke auch noch
Ph. gätkei Seeb. (Ibis, 1877, p. 66) auf Helgoland gefangen zu haben,
    eine Art, welche später vom Autor wieder zu Ph. trochilus gezogen
    wurde. Seebohm giebt das Mediterran-Gebiet als Vaterland an; Vian
    scheint über ihr Vorkommen nichts zu wissen.
Hypolais polyglotta (Vieill.) — 1 Expl.: Selys.
H. icterina (Vieill.) == Hypolais salicaria Pall. == Sylvia hypolais L.
    — Naumann, Gätke. — Von Gätke einmal erwähnt; 1 Expl.: Selys,

H. olivetorum (STRICKL.) — 1 Expl.: SELYS.

H. caligata (LICHT.) — BLASIUS; 28. Sept. 1851: GÄTKE. SEEBOHM bestätigt die Richtigkeit der Bestimmung.

**Salicaria gracilis* SEW. und

**S. concolor* ŞEW. werden von SCHALOW nach brieflicher Mittheilung GÄTKE's aus Helgoland angeführt.

Aedon galactodes (TEMM.). — Mehrmals vorgekommen: NAUMANN; in GÄTKE's Sammlung; nach SETYS zu folgendem zu ziehen.

Ae. familiaris (MÉN.). — Nach BLASIUS „wohl früher mehrfach". Das Exemplar in der Sammlung des Apothekers KARS in Flensburg (Mecklenburg); von GÄTKE 1 oder 2mal beobachtet: SELYS.

Acrocephalus agricola (JERD.) == Lusciola caligata CORD. pp. — GÄTKE; 12. Jan. 1864: SELYS. Das Stück wurde von SEEBOHM identificirt, nachdem es GÄTKE bereits richtig bestimmt hatte.

A. streperus (VIEILL.) == Sylvia arundinacea GM. — GÄTKE.

A. palustris (BECHST.) — NAUMANN, GÄTKE.

A. arundinaceus (L.) == Sylvia turdina SCHL. — NAUMANN, GÄTKE.

A. aquaticus (GM.) 6. Oct. 1853, ♀ ♂: GÄTKE; Mitte August 8 Stücke: GÄTKE; gelegentlich; 3 Expl. in GÄTKE's Sammlung: CORDEAUX.

A. schoenobaenus (L.) == Sylvia phragmitis BECHST. — Selten: NAUMANN, GÄTKE.

Locustella naevia (BODD.) == Sylvia locustella PENN. — GÄTKE.

L. certhiola (PALL.) == Sylvia certhiola auct. — BLASIUS; 13. Aug. 1856 ein Expl. in frischem Gefieder: GÄTKE, CORDEAUX, SELYS. Aus Ochotzk.

Fam. *Mniotiltidae.*

**Sylvicola virens* (GM.). — 19. Oct. 1858 schönes ♂ im Uebergang vom Sommer- zum Winterkleid: GÄTKE, SEEBOHM, CORDEAUX, SELYS. — Aus Nordamerika.

**Vireosylvia olivacea* (L.) — Einmal: SELYS.

Fam. *Accentoridae*

Accentor collaris (SCOP.) == Acc. alpinus GM. — BLASIUS, GÄTKE; 17. Oct. 1862, 2. Mai 1870, 29. Aug. 1873 und 2mal schon vorher: CORDEAUX, SELYS.

A. modularis (L.) — NAUMANN, GÄTKE.

Fam. *Panuridae.*

Panurus biarmicus (L.) == P. barbatus L. — NAUMANN, BLASIUS, GÄTKE.

Fam. *Paridae.*

Acredula caudata (L.) — NAUMANN, GÄTKE; in der Sammlung nur die skandinavische Form mit ganz weissem Kopfe: SELYS.

Parus major L. — NAUMANN, GÄTKE.

P. ater L. — NAUMANN, GÄTKE.

P. palustris L. — GÄTKE.

P. borealis DE SELYS — 4. Nov. 1876: SELYS. Vom Autor identificirt.

P. camtschatkensis (BP.). — Bei SEEBOHM, bezieht sich vermuthlich auf vorige Art.

P. cinctus Bodd. == P. sibiricus Gm. — Gätke; am 16. April 1881 in Gätke's Garten gefangen : Selys.
P. coeruleus L. — Naumann, Gätke.

Fam. *Certhiidae*.
Certhia familiaris L. — Naumann, Gätke.

Fam. *Troglodytidae*.
Troglodytes parvulus Koch — Hoffmann, Naumann, Gätke; im Herbst in grosser Anzahl in den Einfriedungen der Häuser wie an ausgesetzten Stellen, selbst auf den Felsen; Gätke hält ihn für einen Zugvogel : Cordeaux.

Fam. *Motacillidae*.
Motacilla alba L. — Naumann, Gätke; am Fusse der Insel und auf der Düne : Bolle; in der Sammlung : Cordeaux.
M. lugubris Temm. == M. yarellii Gould. == M. vidua Cord. — Naumann, Blasius, Gätke, Schilling, Cordeaux; erscheint jeden Frühling in grosser Anzahl : Selys.
M. citreola Pall. == M. citrinella Pall. — Blasius, Gätke; beobachtet : 26. Sept. 1848 : Gätke; 15. Nov. 1861, 25. Sept. 1870, beide jung : Cordeaux; 5 Exemplare wurden beobachtet, durchaus junge Vögel im Herbst : Selys.
M. flava L. == M. cinereocapilla auct. == M. campestris Pall. — Naumann, Gätke, Bolle.
M. melanocephala Licht. — Selten : Naumann, Gätke; gelegentlich : Cordeaux, erscheint jeden Frühling in begrenzter Anzahl : Selys.
M. raji Bp. == M. sulphurea Bechst. == M. flaveola Temm. — Naumann, Gätke; wenig häufig : Selys.
Anthus cervinus (Pall.) == A. rufigularis Br. — Blasius; zieht mit Turdus varius und swainsoni, Phylloscopus superciliosus, Emberiza pusilla und E. rustica, Muscicapa parva und Anthus richardi im Herbste in einzelnen und mehreren Stücken : Gätke; zwei schöne alte Vögel wurden bei Ostwind am 1. Oct. 1869 beobachtet : Cordeaux.
A. trivialis (L.) == A. arboreus Bechst. — Naumann, Gätke, Bolle.
A. campestris (L.) „kleine Brief" — Selten : Naumann, Blasius, Gätke; in Gätke's Sammlung : Cordeaux.
A. richardi Vieill. „Brief". — Mehrmals vorgekommen : Naumann, Gätke; im Jahre 1858 bemerkt Gätke, dass er im November und December und wieder im Juni bis Ende August zieht und in Folge der übermässigen Schiesswuth auf der Insel seltener werde; 1875 theilt Cordeaux mit, dass er früher selten war, jetzt aber alljährlich in grosser Anzahl erlegt werde, alte Vögel kommen im Mai, alte und junge im September und October oft in Flügen zu 10 bis 30 täglich, nach Gätke bei 500 jedes Jahr. Gätke bestätigt dies : „Ende August bis Anfangs October bei schwach südöstlichen und südsüdöstlichen Winden täglich 10—20—50, ja bis zu 100 Stück", und Selys schreibt : „zieht alljährlich in der zweiten Hälfte October in Truppen zu 5, 20 oder 50 Individuen; im Frühling ist er viel seltener".

A. ludovicianus Gm. == A. pensylvanicus Br. — Blasius; 6. Nov. 1851,
Expl. im Winterkleid und 17. Mai 1856, altes ♀: Gätke, Cordeaux,
Selys. Auch Seebohm bestätigt die Richtigkeit der Bestimmung.

A. spinoletta (L.) == A. aquaticus Bechst. — Gätke; in der Sammlung
Gätke's kein Expl.: Cordeaux; doch 2mal beobachtet: Selys.

A. obscurus (Lath.) == A. littoralis Br. — Naumann, Gätke; die skandinavische Form im September 1874 erlegt: Cordeaux.

Fam. *Pycnonotidae.*

Pycnonotus xanthopygus (Ehrh.) == P. nigricans Vieill. wurde von
Reymers auf der Insel erlegt; ein zweites Expl. hat Gätke vor Jahren
gesehen: Selys. Aus Arabien und Aegypten.

Fam. *Oriolidae.*

Oriolus galbula L. — Naumann, Gätke.

Fam. *Laniidae.*

Lanius excubitor L. — Sehr selten: Selys.

L. major Pall. == L. excubitor auct. — Naumann, Gätke, Schalow;
mehrfach vertreten; zieht Anfangs Frühling und Ende Herbst: Cordeaux; ist eine zwischen L. excubitor L. und borealis Vieill. stehende
Rasse und erscheint jedes Jahr, namentlich im September: Selys.

L. minor Gm. — Naumann, Gätke; nicht so häufig wie L. excubitor [resp.
major] und schwer zu erlegen: Cordeaux; selten: Selys.

L. collurio L. — Naumann, Gätke; in der Sammlung: Cordeaux.

L. auriculatus Müll. == L. rufus Br. — Naumann, Gätke; in der Sammlung: Cordeaux.

L. isabellinus Ehr. == L. phoenicurus auct. non Pall. == L. arenarius
Blyth == L. speculigerus Tacz. == L. phoenicuroides Sev. — Am 26.
October 1854 von Gätke beobachtet und nach diesem Stücke von Blasius, Cordeaux und Selys angeführt; Seebohm stellte die Bestimmung
richtig.

Fam. *Ampelidae.*

Ampelis garrulus L. — Hoffmann, Naumann, Gätke; gelegentlich im
Spätherbst: Cordeaux.

A. cedrorum Baird. — Nach Schalow „noch zweifelhaft".

Fam. *Muscicapidae.*

Muscicapa grisola L. — Naumann, Gätke.

M. atricapilla L. == M. luctuosa Temm. — Naumann, Gätke.

M. collaris Bechst. == M. albicollis Temm. — 3. Juni 1860, altes ♂ im
Sommerkleid: Gätke, Cordeaux.

M. parva Bechst. — Blasius; zieht mit Turdus varius und T. swainsoni,
Phylloscopus superciliosus, Emberiza pusilla, Anthus cervinus; Gätke.
Zuerst am 3. Oct. 1853, junges ♂, später am 8. Dec., 1. Oct. 1869,
im Herbste 1875 und 1876 beobachtet: Gätke; nach Cordeaux öfters
in grosser Anzahl, stets im October, nach Selys sehr oft erlegt, stets
im October. Zieht nach Gätke im November, auch im December.

Fam. *Hirundinidae.*

Hirundo rustica L. — Naumann, Gätke.

H. rufula Temm. == H. daurica auct. == H. alpestris Pall. — Blasius; ein Expl. am 31. Mai 1855 erlegt, sehr schönes Stück: Gätke, Cordeaux, Selys.

Chelidon urbica (L.). — „Nistet jetzt noch einzeln": Naumann, Gätke; jetzt verschwunden.

Ch. riparia (L.) — Naumann, Gätke.

Fam. *Fringillidae.*

Carduelis elegans Steph. == Fringilla carduelis L. — Hoffmann, Naumann, Gätke.

Chrysomitris citrinella (L.) — Naumann, Blasius, Gätke; nur 1 Expl.: Selys.

Ch. spinus (L.) — Naumann, Gätke.

Serinus hortulanus Koch == Fringilla serina L. — Naumann, Blasius; 14. Juli 1860 ein ♂, das einzige gefangene Expl.: Gätke, Selys.

*S. meridionalis Br. — Ein Dutzend Stücke, meist junge: Selys.

Ligurinus chloros (L.) — Naumann, Gätke.

Coccothraustes vulgaris Pall. == Fringilla coccothraustes L. — Naumann, Gätke.

Passer domesticus (L.) — Brütet: Bolle; nur als Streifer, nistet jetzt noch einzeln: Naumann, Gätke. Brütet auch jetzt noch auf der Insel.

P. montanus (L.) — Naumann, Gätke.

Montifringilla nivalis (L.). — 2 Stücke beobachtet: Selys.

Fringilla coelebs L. — Hoffmann, Naumann, Gätke.

F. montifringilla L. — In Menge: Naumann, Gätke, Cordeaux.

*var. atrigularis T. D. Selys, Gurney.

Linota cannabina (L.). — Naumann, Gätke.

L. linaria (L.) — Naumann, Gätke..

*L. canescens Gould — Junges Stück: Selys. Aus Grönland.

L. exilipes Coues. — Mehrere Hundert im Jahre 1847: Selys. Aus Alaska.

L. flavirostris (L.) == Fringilla montium Gm. — Naumann, Gätke.

Carpodacus erythrinus (Pall.) == Pyrrhula rosea auct. — Blasius, Gätke; gegen 4mal im Herbste im Jugendkleid beobachtet: 3. Octbr. 1851: Gätke; 26., 27. Oct. 1867 ♀, 3. Oct. 1867, junge Stücke; 15. Oct. 1870 schönes Stück: Cordeaux, Selys. — Der ächte

*C. roseus Pall. — in einem jungen Stücke gefangen: Selys.

Pyrrhula europaea Vieill. == P. vulgaris Temm. — Hoffmann, Naumann, Gätke. — Die Stücke sind tiefer gefärbt als jene in England: Cordeaux.

Pinicola enucleator (L.) — Gätke, einmal erwähnt.

Loxia curvirostra Linn. — Naumann, Gätke; kommt wie folgende Art in Flügen zu 20 — 50 Stück, oft mit 1 oder mehreren weissgebänderten Individuen: Cordeaux.

L. leucoptera Gm. — Gätke; ein, seltener Besucher der Insel. Erscheint meist im August bei West- und Nordweststürmen; von Ende August

bis 20. September 1868 war er sehr zahlreich, oft zu 20 oder 30 bei-
sammen; Witterung gut, Ost- und Nordostwind. GÄTKE besitzt ein er-
wachsenes ♂ mit 2 sehr schmalen weissen Binden: CORDEAUX.

L. bifasciata (C. L. BR.) = L. taenioptera GLOG. — 1868 häufig bei
SW. u. NW.-Wind, sonst bei O. und NO. — Eine Varietät mit ge-
radem Bande — vielleicht Bastard von L. curvirostra: SELYS. Aus
Finland und Nord-Asien.

Emberiza melanocephala SCOP. — BLASIUS, GÄTKE, SCHILLING; 2 schöne
ausgewachsene Vögel in der Sammlung. Beobachtet am 18. Juni 1860,
♀, 15. Juni 1861 ♀, 28. Mai 1862, schönes altes ♂: CORDEAUX; 2mal
im Herbste 1876, junge Expl., am 3. Juni 1879: GÄTKE; 12—15 Expl.
in allen Kleidern: SELYS.

E. cinerea STRICKL. — Einmal: CORDEAUX 1888.

E. miliaria L. — NAUMANN, GÄTKE.

E. citrinella L. — NAUMANN, GÄTKE.

E. cirlus L. — GÄTKE; das erste und einzige Expl., ein schönes altes
♂ am 29. April 1862: CORDEAUX.

E. hortulana L. — Nicht oft, aber dann in grosser Menge: NAUMANN,
GÄTKE, BLASIUS; sehr zahlreich im Mai und Ende September: CORDEAUX.

E. cia L. — GÄTKE; einmal erlegt: SELYS.

E. caesia CRETZSCH. — BLASIUS, GÄTKE; beobachtet: 31. Mai 1848, 22.
Mai 1859: GÄTKE; 16. Mai 1862, altes ♂; 29. Mai 1866, ♀; 9. Mai
1867, 6. Mai 1873, schönes altes ♂: CORDEAUX. SELYS' Angabe: „1 oder
2mal" ist daher unrichtig.

E. leucocephala GM. = E. pithyornis PALL. — GÄTKE; 16. Mai 1881:
SELYS.

E. aureola PALL. — BLASIUS; beobachtet: 18. September 1852: GÄTKE;
8. November 1864, jung; 8. Juli 1870 ♀: CORDEAUX; 2mal in GÄTKE's
Garten: SELYS.

E. rustica PALL. — BLASIUS; zieht mit E. pusilla und Anthus cervinus:
GÄTKE. Beobachtet: 20. Sept. 1857, 9. Oct. 1863, ausgewachsen;
19. Sept. 1870, ebenso, 3. April 1873, schönes altes ♂: CORDEAUX;
5. Oct. 1875, sehr schönes altes ♂: GÄTKE; mehrere Expl., alle, ausge-
nommen eines, im Herbst: SELYS.

E. pusilla PALL. — BLASIUS; zieht mit Turdus varius und T. swainsoni,
Phylloscopus superciliosus, Anthus cervinus, Muscicapa parva und einzeln oder in mehreren Stücken mit Anthus richardi: GÄTKE. Zuerst am
4. Oct. 1845 beobachtet: GÄTKE, und seit jener Zeit fast jedes Jahr in
1 oder 2 Stücken, ausgewachsen oder jung im September und October:
CORDEAUX, SELYS.

E. schoeniculus L. — NAUMANN. GÄTKE.

E. pyrrhuloides PALL. — 24. April 1879 sehr schönes altes ♂ im Hoch-
zeitskleide: GÄTKE.

E. luteola LATH. = E. icterica EV. — SCHALOW, SEEBOHM; 2 Exempl.
beobachtet: SELYS.

Plectrophanes lapponicus (L.) = P. calcarata TEMM. — NAUMANN, GÄTKE,
BOLLE. Im Herbste so gemein, dass er nicht geschossen wird.

Pl. nivalis L. — NAUMANN, GÄTKE. Grosse Züge im Spätherbste. GÄTKE
  besitzt 2 Formen im Brutkleid, wohl Geschlechtsunterschiede: COR-
  DEAUX, SELYS.

Fam. *Alaudidae.*

Galerita cristata (L.). — NAUMANN, GÄTKE.

Alauda arvensis L. — In grösster Menge: NAUMANN, GÄTKE, BOLLE.

A. arborea L. — NAUMANN, GÄTKE.

Calandrella brachydactyla (LEISL.). — BLASIUS, GÄTKE; im Mai und Anfangs Juni und wieder im September und November: CORDEAUX; etwa
  4mal beobachtet: SELYS.

C. pispoletta (PALL.). — 26. Mai 1879: GÄTKE, SELYS.

Melanocorypha calandra (L.) — GÄTKE; in der Sammlung: CORDEAUX,
  SELYS.

M. sibirica (GM.). — GÄTKE; 2. Aug. 1881, ein Expl.: SELYS.

*M. tatarica (PALL.). — 27. Apr. 1874, ♀: CORDEAUX; nach SELYS mehrmals erlegt.

Otocorys alpestris (L.). — GÄTKE, BOLLE; selten: SCHILLING; wird häufiger: GÄTKE 1860; vor 25 Jahren sehr selten, jetzt sehr häufig, kommt
  bei Nordwind zwischen Mitte October und Mitte November, täglich oft
  in Trupps zu 100; ein sehr starker Flug war im Herbste 1874:
  CORDEAUX, SELYS.

Fam. *Sturnidae.*

Sturnus vulgaris L. — NAUMANN, GÄTKE.

Pastor roseus (L.) = *Merula rosea* BR. — Bis jetzt nur ein junges Individuum vorgekommen: NAUMANN, GÄTKE, BLASIUS; beobachtet: im
  August 1853 neun alte Stücke erlegt, Mitte Juli bis Mitte August 1855
  8 bis 10 Stücke: GÄTKE; 7. Juli 1870: CORDEAUX — somit mehrmals
  erlegt: SELYS.

Fam. *Icteridae.*

*Dolichonyx acripennis (L.) = *D. oryzivorus* SWAINS. — Nach SEEBOHM
  auf der Insel vorgekommen. Aus Nordamerika.

Fam. *Corvidae.*

Pyrrhocorax graculus (L.). — Ein Exemplar am 28. März 1877 auf der
  Kirchthurmspitze sitzend, schlief später in den Felsen und war am
  nächsten Tage verschwunden: SCHALOW.

P. alpinus KOCH. — Wiederholt vorgekommen: SCHALOW; nach SELYS nur
  2mal beobachtet.

Nucifraga caryocatactes (L.). — GÄTKE.

Perisoreus infaustus (L.). — GÄTKE, nur einmal erwähnt.

Garrulus glandarius (L.). — NAUMANN, GÄTKE.

Pica rustica (SCOP.). — NAUMANN, GÄTKE.

Corvus monedula L. — HOFFMANN, NAUMANN, GÄTKE.

C. corone L. — GÄTKE.

C. cornix L. — NAUMANN, GÄTKE.

C. frugilegus L. — NAUMANN, GÄTKE; ausnahmsweise in Schaaren von
  vielen Hunderten, man möchte fast sagen Tausenden im Herbste 1876

durchgezogen, während er sonst nur in sehr geringer Zahl erschienen ist.

C. corax L. — Gätke.

Ordn. Macrochires.

Fam. *Cypselidae.*
Cypselus apus (L.). — Naumann, Gätke.
C. melba (L.). — Gätke; bisher nur 2 Stücke beobachtet, eines in Gätke's Sammlung: Cordeaux, Selys.

Fam. *Caprimulgidae.*
Caprimulgus europaeus L. — Naumann, Gätke.
C. aegyptius Licht. = C. isabellinus Temm. = C. arenicola Sev. — Ein Stück am 22. Juni 1875: Schalow, Selys. Seebohm identificirte die Art. Aus Aegypten.

Ordn. Pici.

Fam. *Picidae.*
Picus major L. — Naumann, Gätke; jedes Jahr einige im Herbst und Frühling: Cordeaux.
Gecinus viridis (L.). — Einmal beobachtet: Selys.
Iynx torquilla L. — Naumann, Gätke.

Ordn. Coccyges.

Fam. *Alcedinidae.*
Alcedo ispida L. — Sehr selten: Naumann, Gätke; an keine bestimmte Zeit gebunden: Cordeaux.

Fam. *Coracidae.*
Coracias garrula L. — Naumann, Gätke.

Fam. *Meropidae.*
Merops apiaster L. — Selten, aber gewiss: Naumann, Gätke, Blasius; ein Stück in Gätke's Sammlung: Selys.

Fam. *Upupidae.*
Upupa epops L. — Naumann, Gätke; jedes Jahr 10—20 Stücke von Ende April bis Mitte Mai, doch nur an warmen Tagen: Cordeaux.

Fam. *Cuculidae.*
Cuculus canorus L. — Naumann, Gätke.

Ordn. Accipitres.

Fam. *Strigidae.*
Strix flammea L. — Naumann, Gätke.

Fam. *Bubonidae.*
Asio otus (L.). — Naumann, Gätke.
A. accipitrinus (Pall.) = Strix brachyotus L. — Naumann, Gätke; häufig auf dem Herbstzuge: Cordeaux.

3*

Nyctea scandiaca (L.) = Surnia nyctea L. — Einmal am Felsen sitzend bemerkt, aber nicht erlegt: NAUMANN, GÄTKE, BLASIUS; 3mal gefangen: SELYS.

Surnia ulula (L.) = Strix nisoria MEY. — NAUMANN, GÄTKE; in GÄTKE's Sammlung: SELYS.

S. funerea L. = Strix tengmalmi auct. — GÄTKE; am 15. Oct. 1859 zwei Stücke; November 1866 ein Stück: CORDEAUX, SELYS.

Scops giu (SCOP.) = Sc. zorca SCOP. — Am 16. Mai 1862 erlegt: CORDEAUX, SELYS.

Athene noctua (RETZ.). — NAUMANN, GÄTKE.

Fam. *Falconidae.*

Circus aeruginosus (L.) = F. rufus SAV. — GÄTKE.

C. cineraceus (MONT.). — GÄTKE; in GÄTKE's Sammlung: CORDEAUX.

C. cyaneus (L.). — GÄTKE.

C. swainsoni SMITH. — 3 junge Vögel in GÄTKE's Sammlung: CORDEAUX, SELYS.

Buteo vulgaris LEACH — NAUMANN, GÄTKE; gelegentlich einige Male im Winter bei grosser Kälte: CORDEAUX.

Archibuteo lagopus (GM.). — GÄTKE; einige Male im Frühling und Herbst, der seltenste Bussard: CORDEAUX.

Aquila naevia auct. (= clanga PALL.?). — Einmal von GÄTKE angeführt.

A. chrysaetus (L.). — Jung, am 9. November 1867: CORDEAUX.

Haliaetus albicilla (L.). — NAUMANN, GÄTKE; 4. Nov. 1870; ein ausgewachsenes Expl. auf der Düne Ende Januar 1875 todt aufgefunden: CORDEAUX.

Circaetus gallicus (GM.) = Falco brachydactylus TEMM. — GÄTKE.

Astur palumbarius (L.). — Selten: NAUMANN, GÄTKE.

Accipiter nisus (L.). — NAUMANN, GÄTKE.

Milvus ictinus (SAV.). = M. regalis BRISS. — GÄTKE; als Zugvogel nicht selten: CORDEAUX.

M. migrans (BODD.) = M. ater DD. = M. niger BR. — GÄTKE; jedes Jahr im Frühling und Herbst: CORDEAUX; mehrere Exemplare in GÄTKE's Sammlung: SELYS.

Pernis apivorus (L.). — Nicht selten: NAUMANN, GÄTKE; die häufigste Bussardart. Erscheint aber im Frühlinge nicht, bevor es wieder warm geworden ist; zieht im August und September südwärts. Ausser einzelnen Stücken und zu 2 und 3 sind während beider Zugzeiten nicht selten Flüge, welche zu 1000 Stück zählen lassen, doch nicht massenhaft, sondern von Mittag bis Abend in Schwärmen von 5—15 oder 20—30 Stück, einer dem anderen so nahe, dass der erste Schwarm noch nicht ausser Sicht ist, bevor der dritte und vierte sich zeigt. Der Frühlingszug findet Ende Mai statt oder etwas früher, bei ruhigem, klarem Himmel und Ostwind: CORDEAUX.

Falco gyrfalco L. — Nach BLASIUS ein Stück jung vom Uebergangsmauser zum alten Kleid erlegt; nach CORDEAUX ein Stück am 12. Oct. 1863 erlegt, doch nur
var. *norvegica* auct. — NAUMANN, GÄTKE, SELYS.

Falco candicans Gm. — Gätke, ohne nähere Angaben.

F. islandicus Gm. — Gätke; von Gätke gesehen, doch nicht erlegt: Selys.

F. peregrinus Tunst. — Nicht selten: Naumann, Gätke.

F. laniarius [auct.?]. — Naumann; eine sehr unsichere Angabe.

*F. tanypterus Blas. = F. biarmicus Temm. — einmal beobachtet: Selys.

F. subbuteo L. — Naumann, Gätke.

F. aesalon Tunst. — Gätke.

F. vespertinus L. = F. rufipes Bsk. — Selten: Naumann, Gätke, Blasius; 4. Juni 1869 im Uebergangskleid; 20. Mai 1868 altes ♂: Cordeaux, Selys.

F. eleonorae Gené. — Am 26. Mai 1879 beobachtet, doch nicht erlegt: Selys.

F. tinnunculus L. — Naumann, Gätke.

F. cenchris L. — Naumann, Gätke, Blasius; ein Exemplar vor Jahren im Mai: Cordeaux; in Gätke's Sammlung: Selys.

Pandion haliaetus (L.). — Naumann, Gätke.

Ordn. Steganopodes.

Fam. *Pelicanidae.*
Phalacrocorax carbo (L.). — Naumann, Gätke.

Ph. graculus (L.) = Carbo glacialis Nm.! — Naumann, Gätke.

Ph. pygmaeus Pall. — Zweifelhaft nach Naumann.

Sula bassana (L.) = Sula alba Meier = Pelecanus maculatus L. — Nach Hoffmann im Winter 1823 bei scharfem Froste; Naumann, Gätke; sehr häufig in der Nähe der Insel während meines Aufenthaltes in jedem Theile der Nordsee, alles ausgewachsene Vögel. Während 16 Tagen auf der See sah ich kein junges Stück: Cordeaux.

Ordn. Herodii.

Fam. *Ardeidae.*
Ardea cinerea L. — Naumann, Gätke.

A. purpurea L. — Gätke.

Ardetta minuta (L.). — Naumann, Gätke; ein Stück in Gätke's Sammlung: Cordeaux.

Botaurus stellaris (L.). — Naumann, Gätke.

Fam. *Ciconiidae.*
Ciconia alba L. — Naumann, Gätke.

C. nigra L. — Naumann, Gätke.

Ordn. Anseres.

Fam. *Anatidae.*
Anser cinereus Meier. — Naumann, Gätke.

A. segetum (Gm.). — Naumann, Gätke.

A. albifrons (Scop.). — Im Winter bei scharfem Froste: Hoffmann; Naumann, Gätke.

A. erythropus (L.) = A. minutus Naum. — Gätke.

Bernicla brenta (PALL.) == Anser torquatus FR. — NAUMANN, GÄTKE.

B. leucopsis (BECHST.). — NAUMANN, GÄTKE.

Chen hyperboreus (PALL). — GÄTKE.

Cygnus olor (GM.). — NAUMANN. Neuere Angaben fehlen.

C. musicus BECHST. == C. xanthorhinus NAUM. — NAUMANN, GÄTKE.

C. bewicki YARR. == C. minor K. u. BL. — GÄTKE.

Tadorna cornuta (GM.). == Anas tadorna L. — NAUMANN, GÄTKE.

Anas boschas L. — NAUMANN, GÄTKE.

Chaulelasmus streperus (L.). — NAUMANN, GÄTKE.

Querquedula crecca (L.). — NAUMANN, GÄTKE.

Qu. circia L. == Anas querquedula L. — NAUMANN, GÄTKE.

Dafila acuta (L.). — GÄTKE.

Mareca penelope (L.). — NAUMANN, GÄTKE.

Fuligula ferina (L.). — NAUMANN, GÄTKE.

F. marila (L.). — GÄTKE.

F. cristata (LEACH) == Anas fuligula L. — NAUMANN, GÄTKE.

Nyroca ferruginea GM. — GÄTKE.

Clangula glaucion (L.). — NAUMANN, GÄTKE.

Harelda glacialis (L.). — NAUMANN, GÄTKE.

Somateria mollissima (L.). — Bei scharfem Froste im Winter: HOFFMANN; NAUMANN, GÄTKE; oft ausserhalb der Insel beobachtet. Am 19. September 1874 zwölf ♂ einige Meilen nördlich von der Insel in einer Linie, kreuzten das Schiff und zogen gegen das Oberland: CORDEAUX.

S. spectabilis (L.). — Selten: NAUMANN, GÄTKE; am 11. Januar 1879 ein ♂, früher stets nur ♀ erlegt: GÄTKE.

S. stelleri (PALL.) == S. dispar SPRM. — BLASIUS; junge ♂ im Winter: GÄTKE; 3 oder 4mal begegnet, alle Stücke gleichaltrig: CORDEAUX, SELYS.

Oedemia fusca (L.). — NAUMANN, GÄTKE.

Oe. nigra (L.). — NAUMANN, GÄTKE.

Oe. perspicillata (L.). — BLASIUS; 9. Oct. 1851: GÄTKE; in der Sammlung: CORDEAUX. — Aus Amerika.

Mergus merganser L. — NAUMANN, GÄTKE.

M. serrator L. — Häufig: NAUMANN, GÄTKE.

M. albellus L. — NAUMANN, GÄTKE.

Ordn. Columbae.

Fam. *Columbidae.*

Columba palumbus L. — NAUMANN, GÄTKE; während beider Zugzeiten gemein; die Herbstflüge zahlreicher als die Frühlingsflüge zu 5 bis 10 oder 20 in einem Schwarm. Zugzeit: Ende März bis Ende Mai und Ende September bis Ende October: CORDEAUX.

C. livia L. — NAUMANN, GÄTKE.

C. oenas L. — NAUMANN, GÄTKE.

Turtur communis SELBY == Columba turtur L. == Turtur auritus GRAY. — NAUMANN, GÄTKE; kommt vor: CORDEAUX.

Fam. *Pteroclidae.*

Syrrhaptes paradoxus (PALL.). — 15. November 1862 zwei Züge zu

7 u. 9 Stück; 30. October 1863 ein Stück: Cordeaux, Selys; ein
Stück im zoolog. Garten in Hamburg auf Helgoland 1888 gefangen.

Ordn. Gallinae.

Fam. *Phasianidae*.
Coturnix communis Bonn. — Sehr selten: Naumann, Gätke.

Ordn. Grallae.

Fam. *Rallidae*.
Rallus aquaticus L. — Naumann, Gätke; einige im März und April
und wieder im September, October und November und gelegentlich
später. Jährlich etwa 20 Stück: Cordeaux.
Porzana maruetta (Leach). = Crex porzana (L.). — Naumann, Gätke;
im Mai, wenn es warm ist, gelegentlich im September; kaum 10 in
einem Jahre, aber von diesen $^3/_4$ im Mai: Cordeaux.
P. bailloni (Vieill.) = Crex pygmaea Nm. — Gätke; ein schönes ♂:
Cordeaux.
P. parva (Scop.) = Crex pusilla Gm. — Gätke; 22. April 1854, ♀:
Cordeaux.
Crex pratensis Bechst. — Naumann, Gätke; im April und Mai und wieder
Mitte August und September bei warmer Witterung; ziemlich häufig,
doch nie in grosser Anzahl: Cordeaux.
Gallinula chloropus (L.). — Naumann, Gätke; gelegentlich ein Zugvogel
im April und Mai bei warmem Wetter, auch von Ende August bis
Mitte September, doch nicht jährlich 3 Stück: Cordeaux.
Fulica atra L. — Naumann, Gätke; jährlich 1mal beobachtet, meist
im Frühling, manchmal im Herbst und sogar im vollen Winter: Cor-
deaux.

Fam. *Gruidae*.
Grus virgo (L.). — Das von Reymers erlegte Stück wurde von Gätke
dem Museum in Hamburg abgetreten: Selys.

Ordn. Limicolae.

Fam. *Charadriidae*.
Charadrius pluvialis L. = Ch. auratus Nm. — Naumann, Gätke.
Ch. fulvus Gm. = Ch. longipes Temm. — 25. Juni 1857, ♂: Gätke, von
Seebohm identificirt; 18. Juni 1860, ♀, 11. Juli 1869, schönes ♂ im
vollen Sommerkleid: Cordeaux. Aus Indien.
*Ch. virginicus Br. = Ch. virginianus Borckh. — Blasius; 20. Dec.
1847, ein junger Vogel: Gätke, Cordeaux, Selys. Von Seebohm iden-
tificirt. — Aus Alaska.
Squatarola helvetica (L.) = Vanellus varius Ntzsch. — Naumann, Gätke.
Aegialitis asiatica (Pall.). — Blasius; nur 2mal beobachtet, 19. Mai
1859 ein altes ♂ in Sommerkleid, 16. Nov. 1860 ein junger Vogel:
Gätke, Cordeaux, Selys. Von Seebohm identificirt.
Ae. cantiana (Lath.). — Naumann, Gätke.
Ae. curonica (Gm.) = Charadrius minor Mey. — Naumann, Gätke; nur

zweimal beobachtet, somit sehr selten: 30. Juni 1859, junger Vogel, 26. Mai 1866, ♀: CORDEAUX.

Aegialitis hiaticula (L.). — NAUMANN, GÄTKE; viele auf der Düne: SCHILLING.

*Ae. mongolica PALL. = Charadrius pyrrhothorax TEMM., wird wohl nur in Folge einer Verwechslung von GÄTKE angeführt.

Eudromias morinellus (L.). — NAUMANN, GÄTKE; vor 10 oder 15 Jahren verhältnissmässig gemeiner, im Mai bei warmer Witterung und Südwind, jetzt selten: CORDEAUX.

Vanellus vulgaris BECHST. — NAUMANN, GÄTKE.

Strepsilas interpres (L.) = Str. collaris TEMM. — HOFFMANN, NAUMANN, GÄTKE.

Haematopus ostralegus L. — Nistet auf der Düne: HOFFMANN, NAUMANN, GÄTKE. Seither als Brutvogel verschwunden.

Fam. *Scolopacidae.*

Recurvirostra avocetta L. — GÄTKE, ohne nähere Angaben.

Phalaropus hyperboreus (L.) = Ph. angustirostris NM. = Ph. tenuirostris GTK. = Ph. cinereus BR. — NAUMANN, GÄTKE; Mitte August ein jünger Vogel: GÄTKE; nur 2 oder 3mal in 20 Jahren beobachtet: CORDEAUX; in GÄTKE's Sammlung: SELYS.

Pl. fulicarius (L.) = Pl. rufus BECHST. — Ein schönes altes ♀ im Winter 1843 erlegt: NAUMANN, GÄTKE; 15. August 1860, junger Vogel: GÄTKE; ein Herbstzugvogel: alte und junge Vögel in grosser Anzahl: CORDEAUX; in GÄTKE's Sammlung: SELYS.

Scolopax rusticola L. — In grösster Anzahl: NAUMANN, GÄTKE; ist nicht mehr so häufig wie früher; im Herbste 1874 nur 15 Stücke bis 4. November: CORDEAUX.

Gallinago major (GM.). — NAUMANN, GÄTKE; in der Sammlung: CORDEAUX.

G. coelestis (FR.) = Scolopax gallinago L. — Sehr häufig: NAUMANN, GÄTKE.

G. gallinula (L.). — NAUMANN, GÄTKE.

Limicola platyrhyncha (TEMM.) = L. pygmaea KOCH. — BLASIUS; 29. Mai 1856 sechs Stück: GÄTKE; in GÄTKE's Sammlung: SELYS.

Tringa alpina L. = T. variabilis BECHST. = T. schinzii BR. — NAUMANN, GÄTKE; viele auf der Düne: SCHILLING.

T. minuta LEISL. — NAUMANN, GÄTKE; in GÄTKE's Sammlung: CORDEAUX.

T. temminckii LEISL. — BLASIUS, GÄTKE; in GÄTKE's Sammlung: CORDEAUX.

T. subarquata (GÜLD.). — NAUMANN, GÄTKE.

T. striata L. = T. maritima BRÜNN. — NAUMANN, GÄTKE.

T. canuta L. = T. islandica GM. = T. calidris L. — NAUMANN, GÄTKE.

Machetes pugnax (L.). — HOFFMANN, NAUMANN, GÄTKE; im Frühling und Herbst; GÄTKE besitzt eine Reihe von Männchen in vollem Hochzeitskleid: CORDEAUX.

Calidris arenaria (L.). — NAUMANN; im August zu 10—20 Stück auf der Düne: SCHILLING.

Tryngites rufescens (VIEILL.). — BLASIUS; ein Stück am 9. Mai 1847, im Ganzen 6mal: GÄTKE, SELYS. — Aus Amerika.

Totanus hypoleucus (L.). — NAUMANN, GÄTKE.
T. ochropus (L.). — GÄTKE; in dessen Sammlung: CORDEAUX.
T. glareola (L.). — GÄTKE, in dessen Sammlung: CORDEAUX.
T. stagnatilis BECHST. — NAUMANN; 7. Mai 1862 schönes altes ♂: COR-
DEAUX.
T. calidris (L.). — NAUMANN, GÄTKE.
T. fuscus (L.). — NAUMANN, GÄTKE.
T. canescens (GM.) = T. glottis PALL. — GÄTKE; in GÄTKE's Sammlung:
CORDEAUX.
**T. macularius* L. — Ein Exemplar im Frühling: SELYS. — Aus Amerika.
Macrorhampus griseus (GM.). — 6mal beobachtet: GÄTKE.
Limosa lapponica (L.) = L. rufa BR. — NAUMANN, GÄTKE.
L. aegocephala L. = L. melanura LEISL. — NAUMANN.
Numenius phaeopus (L.). — NAUMANN, GÄTKE.
N. tenuirostris VIEILL. — GÄTKE.
N. arquatus (L.). — NAUMANN, GÄTKE.

Ordn. Gaviae.

Fam. *Laridae.*
Sterna macrura NAUM. — NAUMANN, GÄTKE.
St. fluviatilis NAUM. = St. hirundo auct. — Auf umherschwimmendem
Treibholz: HOFFMANN, NAUMANN, GÄTKE.
St. dougalli MONT. — BLASIUS, GÄTKE; nur 2mal beobachtet: CORDEAUX,
SELYS.
St. minuta L. — NAUMANN, GÄTKE.
St. caspia PALL. — NAUMANN, GÄTKE; in GÄTKE's Sammlung, obwohl ent-
fernt von der Insel gesehen, nistet auf Sylt: CORDEAUX, SELYS.
St. anglica MONT. — NAUMANN, GÄTKE; in GÄTKE's Sammlung; nur gele-
gentlicher Besucher: CORDEAUX.
St. cantiaca GM. = St. canescens MEY. — Auf umherschwimmendem
Treibholze: HOFFMANN, NAUMANN, GÄTKE.
St. fuliginosa GM. — Im Juli 1843 flogen auf der Fahrt von Hamburg
nach Helgoland jenseits Neuwerk 5 grössere dunkelgefärbte Seeschwalben
eine Zeit lang neben dem Schiffe, die ich nicht füglich für etwas anderes halten konnte, als für diese Art; doch war es nicht möglich, eine
derselben zu erlangen, weshalb die Sache unsicher bleibt: NAUMANN.
Hydrochelidon hybrida (PALL.) = Sterna leucoparaea TEMM. — GÄTKE.
H. nigra (L.). — Höchst selten eine junge: NAUMANN, GÄTKE.
Xema sabinii (SAB.). — Im Jugendkleid: BLASIUS; 25. Oct. 1847: GÄTKE;
ein junger Vogel in GÄTKE's Sammlung: CORDEAUX, SELYS. — Circumpolar.
Rhodostethia rosea (MACGILL.) = Larus rossii RICH. — BLASIUS; am
5. Februar 1858 erlegt; ein alter Vogel im Winterkleid: GÄTKE, COR-
DEAUX, SELYS.
Pagophila eburnea (PHIPPS). — GÄTKE.
Larus ridibundus L. — Nicht selten: HOFFMANN, NAUMANN, GÄTKE.
L. ichthyaetus PALL. — 2mal beobachtet: SELYS.
L. minutus PALL. — Sehr oft: NAUMANN, GÄTKE; im Brutkleid in GÄTKE's
Sammlung: CORDEAUX.

Larus canus L. — NAUMANN, GÄTKE.

L. argentatus GM. „Blausattler". — Brutvogel: HOFFMANN, NAUMANN, GÄTKE. — Jetzt nicht mehr brütend.

L. affinis REINH. = L. cachinnans PALL. = L. borealis BRDT. — Am 20. August 1878: GÄTKE; nach SELYS mehrere Expl. beobachtet.

L. fuscus L. — NAUMANN, GÄTKE.

L. marinus L. „Schwarzsattler". — Brütet: HOFFMANN, NAUMANN, GÄTKE. Nicht mehr Brutvogel.

L. glaucus FABR. — NAUMANN, GÄTKE; 5. Febr. 1856: GÄTKE; nicht selten; ein junger Brutvogel am 13. Sept. 1874: CORDEAUX.

L. leucopterus FABR. = L. minor BR. — GÄTKE; nicht selten: CORDEAUX.

L. philadelphicus CRD. = L. bonapartei RICH. — 1 Expl. SELYS. — Aus Nordamerika.

Rissa tridactyla (L.). — NAUMANN, GÄTKE.

Stercorarius catarrhactes L. — GÄTKE.

St. pomatorhinus (TEMM.) = Lestris pomarina auct. — NAUMANN, GÄTKE.

St. crepidatus (BANKS). — NAUMANN, GÄTKE; 31. Juli 1853: GÄTKE.

St. parasiticus (L.). — Selten: HOFFMANN, NAUMANN, GÄTKE; 20. Oct. 1860, jung einfarbig dunkelbraun: GÄTKE.

St. longicaudus VIEILL. — Ein Expl. in GÄTKE's Sammlung: CORDEAUX.

Ordn. Tubinares.

Fam. *Procellaridae.*

Procellaria pelagica L. — Selten: HOFFMANN; auf dem Meere: NAUMANN, GÄTKE; 6. Oct. 1853, ♂: GÄTKE.

P. leucorrhoa VIEILL. — NAUMANN, BLASIUS, GÄTKE. Ein Stück in GÄTKE's Sammlung, das einzige, das je beobachtet wurde: CORDEAUX.

Puffinus anglorum (TEMM.) = P. arcticus FABR. — Auf dem Meere, nicht auf dem Felsen: NAUMANN, GÄTKE.

P. major FAB. = Procellaria cinerea BP. — GÄTKE; sehr selten: CORDEAUX.

Fulmarus glacialis (L.). — GÄTKE; 6. Nov. 1860 ♀: GÄTKE; die am wenigsten seltene Procellariden-Art: CORDEAUX.

Ordn. Alcae.

Fam. *Alcidae.*

Alca torda L. — Selten: HOFFMANN; zwischen Uria lomvia am Felsen nistend: NAUMANN, GÄTKE; wie Uria troile: CORDEAUX.

Lomvia troile (L.) „Schütte". — Der gemeinste Vogel auf Helgoland: HOFFMANN; nistend am Felsen: NAUMANN, GÄTKE; nistet in grosser Zahl am Felsen auf der Klippe; das Schiessen ist erlaubt vom 25. Juli ab (St. James = Jacobs day): CORDEAUX.

L. rhingvia BRÜNN. — Sonst nistend; jetzt nur im Winter sehr selten auf dem Meere: NAUMANN, GÄTKE. Ist mindestens als besondere Form zu betrachten!

L. brünnichii (SAB.) = L. arra SCHL. — Auf dem Meere: NAUMANN, GÄTKE.

Uria grylle (L.). — Seltener, gewöhnlich im Frühjahr auf umherschwimmendem Treibholz: HOFFMANN, NAUMANN, GÄTKE.

Mergulus alle (L.). — Nicht selten: Naumann, Gätke.
Fratercula arctica (L.) „grönländische Taube". — Brütet: Hoffmann;
noch nistend: Naumann, Gätke. — Nistet jetzt nicht mehr auf der Insel.

Ordn. Pygopodes.

Fam. *Colymbidae.*
Colymbus glacialis L. — Naumann, Gätke.
C. arcticus L. — Gätke.
C. septentrionalis L. — Naumann, Gätke; im August 8—10 alte Vögel:
Gätke.

Fam. *Podicipitidae.*
Podiceps cristatus (L.). — Naumann, Gätke.
P. griseigena (Bodd.) = P. rubicollis Lath. — Naumann, Gätke.
P. auritus (L.) = P. cornutus Lath. — Gätke.
P. nigricollis (C. L. Br.) = P. auritus auct. — Gätke.
P. fluviatilis (Tunst.) = P. minor Lath. — Naumann, Gätke.

Die Classen der **Reptilia**, Kriechthiere, und **Amphibia**, Lurche,
sind weder auf der Insel noch im Meere vertreten.

III. Cl. Pisces, Fische.

Literatur: Mushard 1, Hoffmann 3, Schultze 25, Ötker 32, Leuckart
u. Pagenstecher 40, Hallier 51, Möbius u. Heincke 71, Ehlers 92.

A) Teleostei, Knochenfische.

Ordn. Acanthopteri, Stachelflosser.

Fam. *Mullidae.*
Mullus surmuletus L. Riesenbarbe. — Einzeln und selten.

Fam. *Carangidae.*
Trachurus trachurus Cass. Stöcker. — Selten.

Fam. *Scombridae.*
Scomber scomber L. Makrele, „Makrealer". — Ziemlich häufig; wird na-
mentlich von Badegästen gefangen: Hoffmann, Ötker.
Thynnus thynnus (L.). Thunfisch. — Ziemlich selten.

Fam. *Trachinidae.*
Trachinus draco L. Petermännchen. — Ziemlich häufig: Hoffmann, Ötker.

Fam. *Pediculati.*
Lophius piscatorius L. Seeteufel. „Stör". — Nicht selten: Hoffmann, Ötker.

Fam. *Cottidae.*
Cottus scorpius L. Seeskorpion, „Stör". — Nicht selten: Hoffmann,
Ötker.

Trigla hirundo Bl. Seeschwalbe. — Einzeln und selten: Hallier; im Helgoländer Tief bei 19 $^1/_2$ Faden Tiefe auf sandigem Schlick, selten: Möbius u. Heincke.

Tr. gurnardus L. Knurrhuhn. — Selten: Hoffmann, Ötker.

Agonus cataphractus Bl. Steinpicker. — Hoffmann, Hallier.

Fam. *Discoboli.*

Cyclopterus lumpus L. Seehase, „Harpott". — Nicht selten: Hoffmann, Ötker.

Fam. *Gobiidae.*

Gobius niger L. Schwarzgrundel. — Einzeln und selten: Hallier.

G. taalmankipii Hubr. = G. minutus Möb. — In 5—6 Faden Tiefe auf steinigem Grunde, mässig selten: Möbius u. Heincke.

Callionymus lyra L. Leyerfisch. — Kommt öfters vor: Ötker.

Fam. *Blenniidae.*

Anarrhichas lupus L. Seewolf. — Nicht selten: Hoffmann, Ötker.

Zoarces viviparus Cuv. Aalmutter, „Tug", „Tugen". — In Küstenpfützen der Düne, häufig: Hoffmann, Ötker.

Ordn. Pharyngognathi.

Fam. *Labridae.*

Ctenolabrus rupestris L. — Im Nordhafen in 2—4 Faden Tiefe ein junges Expl.; Grund steinig mit Pflanzen, Polypen und Bryozoen: Möbius u. Heincke.

Ordn. Anacanthini.

Fam. *Gadidae.*

Gadus morrhua L. Dorsch — Forma callarias L. „Gölk". — Ziemlich häufig: Hoffmann, Ötker.

G. aeglefinus L. Schellfisch, „Wettling". — Häufig: Hoffmann, Ötker; jährlich werden 5—600000 Stück gefangen: Lindemann.

G. merlangus L. Merlan, „Gadj". — Nicht selten: Ötker.

Molva vulgaris Flem. Leng. — Hoffmann.

Fam. *Ophidiae.*

Ammodytes tobianus L. Sandaal, Sandspieren, „Sanepper". — Zu Tausenden in der Umgebung der Düne: Hoffmann. Wird massenhaft als Köder beim Fischfang verwendet.

Fam. *Pleuronectidae.*

Hippoglossus vulgaris Flem. Heilbutt. — Nicht selten: Ötker.

Rhombus maximus (L.). Steinbutt. — Nicht selten: Hallier.

Rh. laevis Rond. Glattbutt. — Wie voriger und mit ihm.

Pleuronectes platessa L. — Häufig: Hallier; im Nordwesten der Insel bei 20 Faden Tiefe im Schlick mit Sand häufig: Möbius u. Heincke.

P. flesus L. Flunder und

P. limanda L. Kliesche, Fleckenscholle. — Gleichfalls häufig: Ötker.

Solea vulgaris Quén. Seezunge, „Hünntongen". — Sehr häufig: Ötker;

im Helgoländer Tief bei $19^1/_2$ Faden Tiefe, selten; im Nordwesten bei
20 Faden Tiefe häufig auf sandigem Schlick: Möbius u. Heincke.

Fam. *Scombresocidae*.
Belone vulgaris Flem. Hornhecht. — Häufig: Hallier.
Exocoetus evolans L. — Ein frisches Stück aus Helgolands Umgebung
bei H. Löhrs gesehen.

Fam. *Clupeidae*.
Engraulis encrasicholus L. Anchovis. — Einzeln und selten: Hallier.
Clupea harengus L. Häring. — War früher Hauptobject des Fischsportes
— jetzt nicht mehr zu sehen: Ötker, Hallier.
Cl. sprattus L. Sprott. — Wird noch gefangen: Hallier.
Cl. pilchardus Walb. Sardine. — Selten: Hallier.
Cl. alosa Cuv. Maifisch und
Cl. finta Cuv. Finte. — Werden gelegentlich gefangen.

Fam. *Muraenidae*.
Conger vulgaris Cuv. Meeraal, „Klunkeraal". — Ziemlich selten: Ötker.

Ordn. Lophobranchii, Büschelkiemer.
Fam. *Syngnathidae*.
Siphonostoma typhle (L.). — Nicht selten: Hallier.
Syngnathus acus L. Seenadel, „Harholt". — Nicht selten in den Pfützen,
welche zur Zeit der Ebbe zwischen den Klippen zurückbleiben: Hoff-
mann, Ötker.
Nerophis aequoreus Kaup. Grosse Seenadel. — Im Nordhafen in 2—4
Faden Tiefe zwischen Steinen mit Pflanzen, Polypen und Bryozoen:
Möbius u. Heincke.
N. ophidion (L.). Meerschlange. — Ab und zu anzutreffen: Ötker.
Hippocampus antiquorum Leach = H. brevirostris Cuv. Seepferdchen. —
Selten: Hoffmann, Ötker.

B) Ganoidei, Schmelzschupper.
Fam. *Acipenseridae*.
Acipenser sturio L. Stör. — Wurde einige Male beobachtet, ist aber
jetzt sehr selten: Ötker.

C) Chondropterygii. Knorpelfische.
Fam. *Carchariidae*.
Carcharias glaucus Cuv. Blauhai, „Bithai". — Wie die folgenden — wurde
angeblich in den fünfziger Jahren in einem Exemplar von $1^1/_2$ Klafter
Länge bei Helgoland erlegt: Ötker; ein anderes junges Stück dieser
Art wurde am 10. October 1862 bei einem Sturm ans Land geworfen
und von Hallier abgebildet.

Fam. *Spinacidae*.
Acanthias vulgaris Risso. Dornhai. — Nicht selten: Hoffmann, Ötker;
ich fand am Strande Köpfe und Skelettheile dieser Art.
Spinax niger Bp. — Hallier.

Fam. *Rajidae.*
Raja clavata L. Nagelrochen. — HOFFMANN, ÖTKER.
R. radiata DON. Sternrochen. — Ein Stück gesehen.
R. miraletes L. Spiegelrochen. — Nicht selten: HOFFMANN, HALLIER.
R. fullonica L. = R. oxyrhynchus auct. Schnabelrochen. — Nicht selten:
HOFFMANN, HALLIER.

Fam. *Trygonidae.*
Trygon pastinaca CUV. Dornrochen. — Ziemlich selten: HOFFMANN, ÖTKER.

D) Cyclostomata, Rundmäuler.

Fam. *Petromyzontidae.*
Petromyzon marinus L. Meerneunauge. — Selten: ÖTKER.

E) Leptocardii, Röhrenherzen.

Fam. *Amphioxidae.*
Amphioxus lanceolatus YAR. Lanzettfischchen. — Unter vielen Ophiuren,
Anneliden und Ascidienlarven, zahlreichen Exemplaren von *Noctiluca,
Actinotrocha, Sagitta, Tomopteris* und kleinen Medusen, welche MAX
SCHULTZE bei Helgoland während des schönsten Meeresleuchtens in einer
Augustnacht 1850 schöpfte, fanden sich bei der Untersuchung am an-
dern Morgen zwei Exemplare dieser Art von $1^1/_4$—$1^1/_2$''' Länge, die
einzigen, welche demselben während seines vierzehntägigen Aufenthaltes
auf Helgoland vorkamen, und die ersten, welche bei der Insel über-
haupt gefunden wurden. Später fanden LEUCKART und PAGENSTECHER
Exemplare zwischen der Insel und der Düne im August und September;
EHLERS fing ein ausgewachsenes Thier auf der Westküste der Insel beim
Aufgraben einiger sandigen Strecken zwischen den grossen dort liegenden
Felstrümmern an dem tiefsten Ebbestrande; es maass 22 mm Länge.

II. Typus Tunicata, Mantelthiere.

Literatur: RATHKE 2, HOFFMANN 3, J. MÜLLER 13, 14, LEUCKART 19
und 20, GEGENBAUR 49, KUPFFER 72, VAN HAREN 93.

Cl. Ascidiacea, Seescheiden.
Ordn. Monascidiae.

Fam. *Pelonaeidae.*
Pelonaea corrugata FORB. — Zwischen Borkum und Helgoland auf
schlickigem Grund bei $19^1/_2$—20 Faden Tiefe häufig: KUPFFER.

Fam. *Ascidiidae.*
Ascidia pedunculata (HOFFM.). — HOFFMANN, LEUCKART.
A. virginea O. F. MÜLL. — HAREN.
Molgula ambulloides (BEN.). — HAREN.
Cynthia depressa LEUCK. — LEUCKART.

Fam. *Clavellinidae.*
Clavellina lepadiformis O. F. MÜLL. — MÜLLER.
Cl. gelatina (O. F. MÜLL.). — RATHKE, LEUCKART, HABEN.
Cl. vitrea LEUCK. — LEUCKART.

Ordn. Synascidiae.
Fam. *Didemnidae.*
Didemnum gelatinosum M. EDW. — GEGENBAUR.
Leptoclinum durum M. EDW. — LEUCKART.

Fam. *Polyclinidae.*
Amaroecium proliferum M. EDW.
A. rubicundum LEUCK. — LEUCKART.

Ordn. Copelatae.
Fam. *Appendiculariidae.*
Oikopleura flabellum (MÜLL.). — MÜLLER (als Synonymum zu Amar. prolif.).

III. Typus Mollusca, Weichthiere.

Literatur: MARTENS 34, 37, HALLIER 51, LASARD 64, REHBERG 108, JORDAN 118, PFEFFER 124.

A) Binnen- und Süsswasserconchylien.

Cl. Gastropoda, Bauchfüsser.
Ordn. Pulmonata, Lungenschnecken.

Fam. *Helicidae.*
Helix hortensis O. F. MÜLL. — HALLIER.
H. hispida — MARTENS.
Achatina lubrica (O. F. MÜLL.). — PFEFFER; in GÄTKE's Garten.
Hyalina cellaria (O. F. MÜLL.). — Im Brunnen bei der Treppe: REHBERG.
H. alliaria MILL. — MARTENS.
Succinea pfeifferi ROSSM. — PFEFFER.

Fam. *Limacidae.*
Limax agrestis L. — MARTENS.
Arion empiricorum FÉR. = A. fuscus auct. — MARTENS.

Fam. *Limnaeidae.*
Limnaea auricularia (L.). — Im Töck bei Helgoland, sowie im Diluvium der norddeutschen Ebene; lebend in Gräben u. s. w. LASARD.
L. truncatula (O. F. MÜLL.). — Von AL. BRAUN an dem von herabrieselndem Wasser befeuchteten schroffen Abhang beim Südhorn gefunden: MARTENS; im Töck bei Helgoland sowie im Diluvium, lebend in fliessenden und stehenden Gewässern der gemässigten nördlichen Zone: LASARD.
Planorbis carinatus (L.). — Im Töck bei Helgoland sowie im norddeutschen Diluvium; lebend in fliessenden und stehenden Gewässern: LASARD.

Planorbis. marginatus DRAP. — Angeschwemmt auf der Düne, vermuthlich aus dem Töck ausgewaschen: PFEFFER.

P. contortus (L.). — Im Töck bei Helgoland, sowie im Diluvium der norddeutschen Ebene; lebend im Süsswasser von Europa und Nordamerika: LASARD.

Ordn. Prosobranchiata.

Fam. *Paludinidae.*

Bithynia tentaculata (L.). — Im Töck bei Helgoland, sowie im Diluvium der norddeutschen Ebene; lebend im Süsswasser der alten Welt: LASARD.

Valvata piscinalis (O. F. MÜLL.). — PFEFFER; im Töck bei Helgoland, sowie im Diluvium der norddeutschen Ebene; lebend sehr häufig in allen Süsswasserseen und Flüssen: LASARD.

V. cristata O. F. MÜLL. — Im Töck bei Helgoland, sowie im norddeutschen Diluvium, lebend wie vorige Art: LASARD.

B) Meeresmollusken.

Systematische Anordnung und Nomenclatur nach: KOBELT, W., Prodromus der europäischen marinen Mollusken-Fauna, Nürnberg 1886 bis 1887. 8⁰.

Literatur: RATHKE 2, HOFFMANN 3, PHILIPPI 9, MENKE 12, LEUCKART 19, 20, GEGENBAUR 29, ÖTKER 32, HALLIER 51, (LASARD 64) METZGER 65, KOBELT 67, METZGER u. MEYER 73, MEYER 74, VAN HAREN 93, PFEFFER 123.

I. Cl. Cephalopoda, Kopffüsser.

Fam. *Myopsidae.*

Loligo vulgaris LAM. — LEUCKART, HAREN.

Sepia officinalis L. — In der warmen Jahreszeit: HOFFMANN, PHILIPPI, LEUCKART. — Die Schale und die Eierballen öfters am Strande.

II. Cl. Gastropoda, Bauchfüsser.

Fam. *Purpuridae.*

Purpura lapillus (L.). — Häufig: PHILIPPI, LEUCKART, PFEFFER; bei 0—1 Faden Tiefe an Felsen: METZGER.

Fam. *Buccinidae.*

Neptunea antiqua (L.). — HAREN.

Buccinum undatum L. var. *zetlandica* auct. — Die gemeinste Seeschnecke: HOFFMANN, PHILIPPI, LEUCKART, KOBELT; an allen Nordseeküsten: METZGER, HAREN, PFEFFER.

B. macula MONT. — PHILIPPI, LEUCKART. Mir unbekannt.

Fam. *Nassidae.*

Nassa incrassata (STRÖM.). — PFEFFER.

N. reticulata (L.). — KOBELT, HAREN.

Fam. *Naticidae*.
Natica millepunctata Lam. = N. caurena L. — Haren.
N. catena Costa = N. monilifera Lam. — Haren.
N. alderi Forb. = N. marochiensis Lam. = N. pulchella Risso = N. intermedia Phil. — Philippi, Kobelt, im Norden der Insel in 10¹/₂ bis 12¹/₂ Faden Tiefe in feinem Sand; im Südwesten in 17¹/₂ Faden Tiefe in sandigem Schlick; im Süden in 21—29 Faden Tiefe in schlickigem Sand und sandigem Schlick mit Muschelschalen: Metzger.

Fam. *Scalariidae*.
Scalaria communis Lam. = Sc. clathrus L. — Philippi, Leuckart, Haren, Pfeffer.

Fam. *Eulimidae*.
Eulima polita (L.). — Kobelt.

Fam. *Pleurotomidae*.
Bela turricula (Mont.). — Im Norden bei 12¹/₂ Faden Tiefe, in feinem Sand, im Süden bei 21 Faden Tiefe in schlickigem Sand: Metzger.
B. sarsii Verr. = B. cancellata Migh. — Pfeffer.

Fam. *Littorinidae*.
Littorina littorea (L.). Häufig: Philippi, Menke, Leuckart, Gegenbaur; an allen Nordseeküsten: Metzger, Haren, Pfeffer.
L. rudis (Mont.). — Menke, Hallier; an der Oberfläche an Felsen: Metzger, Pfeffer.
L. obtusata (L.). — Menke, Leuckart, Gegenbaur; an Felsen und Algen bei 0—2 Faden Tiefe: Metzger, Pfeffer, mit
var. *neritoides* Lam. und
var. *vittata* Phil.
L. neritoides (L.). — Häufig: Philippi, Leuckart, Gegenbaur.
Lacuna divaricata (Fabr.) = L. vincta Turt. — Philippi; im Süden der Insel bei 17¹/₂ und 21 Faden Tiefe in schlickigem Sand und sandigem Schlick: Metzger, auch
var. *canalis* Mont. — Leuckart, Philippi.
L. pallidula (da Costa). — Philippi; in 0—4 Faden Tiefe an Algen und Felsen: Metzger, Pfeffer.

Fam. *Heterophrosynidae*.
Barleeia rubra (Adams). — Kobelt.

Fam. *Rissoidae*.
Rissoa costata (Adams). = R. exigua Mke. — Menke.
R. interrupta (Adams). — Menke.
var. *bifasciata* Sars. — Pfeffer.
R. lineata (Risso) = R. costulata Risso ppt. — Pfeffer.
R. parva (da Costa). — An Felsen und Algen bei 1—10 Faden Tiefe: Pfeffer.
R. striata (Mtg.). — Kobelt.
R. pedicularius auct. — Menke; fehlt in Kobelt's Prodromus.

Hydrobia baltica Nils. = H. ulvae Penn. — An angeschwemmtem Fucus und anderen Algen auf der Düne: Metzger.

Fam. *Turritellidae.*
Turritella communis Risso = T. terebra auct. = T. ungulina auct. — Philippi; im Südosten der Insel in sandigem Schlick mit Muschelschalen in 17 Faden Tiefe: Metzger.
T. triplicata (Broc.). — Leuckart.

Fam. *Skeneidae.*
Skenea planorbis (Fabr.). — Auf Klippen der Insel, die dicht mit Enteromorpha und Sphaerococcous bewachsen waren: Metzger; an Felsen mit Algen in 0—1 Faden Tiefe: Metzger.

Fam. *Trochidae.*
Trochus cinerarius L. — Häufig: Philippi, Leuckart; in 2—4 Faden Tiefe an Felsen im Süden der Insel in 29 Faden Tiefe in sandigem Schlick mit Muschelschalen: Metzger, Haren, Pfeffer.
T. tumidus Mont. — Kobelt; im Süden der Insel in 17$^1/_2$ Faden Tiefe in sandigem Schlick: Metzger.
T. zizyphinus L. — Pfeffer.

Fam. *Tecturidae.*
Tectura virginea (Müll.) = T. fulva Müll. — Leuckart, Pfeffer.
T. fulva (Müll.). — Kobelt.

Fam. *Patellidae.*
Patella vulgata L. — Philippi.
Helcion pellucidus·(L.). — Philippi, Leuckart; in 2—10 Faden Tiefe auf felsigem Grund und an Laminarien: Metzger, Pfeffer.

Fam. *Cylichnidae.*
Cylichne cylindracea (Penn.). — Im Nordwesten der Insel in sandigem Schlick bei 14$^1/_2$ Faden Tiefe: Metzger.

Fam. *Bullidae.*
Haminea hydatis (L.). — Kobelt.

Fam. *Scaphandridae.*
Scaphander lignarius (L.). — Kobelt.

Fam. *Actaeonidae.*
Actaeon tornatilis (L.) = Tornatella fasciata Lam. — Philippi.

Fam. *Chitonidae.*
Chiton cinereus L. = Ch. laevis Mont. — Selten: Hoffmann, Philippi, Leuckart; im Süden der Insel bei 29 Faden Tiefe in sandigem Schlick mit Muschelschalen: Metzger.
Ch. marginatus Penn. — Leuckart; im Nordhafen von 0—4 Faden Tiefe in Sand mit Schalen und kleinen Steinen: Metzger.
Ch. ruber Lowe. — Pfeffer.

Fam. *Aplysiidae.*
Aplysia punctata Cuv. — Haren.

Fam. *Dorididae.*
Doris pilosa O. F. Müll. — Leuckart; im Helgoländer Schlick in 19¹/₂
    Faden Tiefe in sandigem Schlick, mässig häufig: Meyer.
D. tuberculata Cuv. — Leuckart, Haren.
Polycera quadrilineata (O. F. Müll.) == P. cornuta Rathke. — Rathke,
    Menke, Leuckart; im Nordhafen bei 5—6 Faden Tiefe auf steinigem
    Grund mit Polypen und Bryozoen häufig: Meyer.
P. fusca Lckt. — Leuckart.
Ancula cristata (Ald.). — Leuckart.

Fam. *Tethyidae* (Tritoniidae).
Tritonia plebeja Johnst. — Im Helgoländer Tief bei 19¹/₂ Faden Tiefe
    im sandigen Schlick häufig: Meyer, Haren.

Fam. *Aeolidiidae.*
Aeolidia papillosa (L.). — Leuckart.
A. pennata Mke. — Leuckart.
Facelina drummondi Thomps. — Bei 19 Faden Tiefe westlich von Helgo-
    land in sandigem Schlick mit Schalen selten: Meyer.

Fam. *Limapontiidae.*
Limapontia capitata (O. F. Müll.) == L. nigra Johnst. — Leuckart.

3. Cl. Lamellibranchiata, Muschelthiere.

Fam. *Teredinidae.*
Teredo navalis L. — Philippi, Leuckart.
Pholas dactylus L. — Häufig: Philippi, Leuckart, Pfeffer.
Ph. candida L. — Philippi, Leuckart.
Zirphaea crispata (L.). — Häufig in den Felsen: Hoffmann, Philippi.

Fam. *Myidae.*
Mya arenaria L. — Kobelt.
M. truncata L. — Kobelt.

Fam. *Saxicavidae.*
Saxicava rugosa (L.). — Häufig bei den Kreideklippen der Sandinsel:
    Philippi, Leuckart; im Westen der Insel in 19 Faden Tiefe in sandigem
    Schlick: Metzger, Pfeffer.
S. arctica (L.). — Wie vorige: Kobelt, Philippi.

Fam. *Mactridae.*
Mactra helvacea Chemn. == M. glauca Schr. — Pfeffer.
M. stultorum L. — Philippi; in feinem Sand im Norden bei 12¹/₃ Faden
    Tiefe, in sandigem Schlick bei 14¹/₂ Faden Tiefe im Nordwesten und bei
    17¹/₂ Faden Tiefe im Süden der Insel: Metzger.
M. subtruncata Mont. — Kobelt; im Norden bei 12 und 12¹/₂ Faden
    Tiefe, im Südosten bei 13 und 17 Faden Tiefe in feinem Sand und
    sandigem Schlick: Metzger, Haren.
M. elliptica Brown. — Pfeffer.
M. solida L. — Häufig: Philippi, Leuckart; im Norden der Insel von

$10^1|_2$—$12^1|_2$ Faden Tiefe in feinem Sand; im Südsüdosten in 17 Faden Tiefe in sandigem Schlick: Metzger, Haren.

Syndosmya alba (Wood). — In sandigem Schlick mit Muschelschalen bei 17 Faden Tiefe im Südosten, bei $17^1|_2$ Faden Tiefe im Südwesten der Insel: Metzger, Pfeffer.

S. nitida (O. F. Müll.). — Kobelt; im Süden der Insel in sandigem Schlick bei $17^1|_2$ Faden Tiefe: Metzger, Haren.

S. prismatica (Mont.). — Im Norden der Insel bei $12^1|_2$ Faden Tiefe in feinem Sand: Metzger.

Fam. *Corbulidae.*

Corbula gibba (Ol.). — Im Südosten bei 13—17, im Südwesten bei $17^1|_2$ bis 21, im Westen bei $14^1|_2$ und 19 Faden Tiefe in sandigem Schlick: Metzger.

var. *nucleus* Lam. — Philippi.

Fam. *Solenidae.*

Solen vagina L. — Philippi.

S. ensis L. — Philippi; in feinem Sand im Norden bei 12 Faden Tiefe: Metzger.

S. siliqua L. — Selten: Hoffmann, Philippi, Leuckart.

Cultellus pellucidus (Penn.). — Im Norden in feinem Sand bei 12, im Süden in sandigem Schlick mit und ohne Muschelschalen bei $17^1|_2$—29, im Westen in sandigem Schlick bei $14^1|_2$—19 Faden Tiefe: Metzger, Haren.

Fam. *Tellinidae.*

Tellina baltica L. — Häufig: Philippi, Leuckart, Pfeffer.

var. *solidula* Mont. — Kobelt.

T. crassa Penn. — Philippi; nur leere Schalen gefunden: Metzger.

T. exigua Poli = T. tenuis Mat. — Philippi, Leuckart, Kobelt.

T. fabula Gron. — Pfeffer.

Psammobia ferroensis (Chemn.). — Haren.

Fam. *Donacidae.*

Donax trunculus L. — Philippi, Leuckart.

D. vittatus (Da Costa). — Haren.

Fam. *Veneridae.*

Dosinia exoleta (L.). — Philippi.

Venus ovata Penn. — Kobelt; im Süden der Insel bei 21—29 Faden Tiefe in sandigem Schlick und schlickigem Sand: Metzger.

V. gallina L. — Philippi, Kobelt; im Norden bei 12, im Westen bei 19 Faden Tiefe, am ersteren Orte in feinem Sand, am letzteren in sandigem Schlick mit Schalen: Metzger, Haren.

Tapes pullastra (Mont.) var. *perforans* Lam. — Häufig bei den Kreideklippen der Sandinsel: Philippi; auf der Düne in angespülten Kreideblöcken und Wurzelenden von Laminarien: Metzger.

T. aureus (Gmel.). — Pfeffer.

Fam. *Cyprinidae.*
Cyprina islandica (L.). — PHILIPPI, LEUCKART; im Westen der Insel bei 20 Faden Tiefe in Sand und wenig Schlick: METZGER, KOBELT.

Fam. *Cardiidae.*
Cardium echinatum L. — Selten: HOFFMANN, PHILIPPI, LEUCKART, HAREN.
C. edule L. „Schillen". — Selten: HOFFMANN, PHILIPPI, LEUCKART, KOBELT, HAREN, PFEFFER.
C. suecicum LOV. = C. minimum JEFF. non PHIL. — KOBELT.
C. fasciatum MONT. — Bei 21—29 Faden Tiefe im Süden der Insel: METZGER.

Fam. *Lucinidae.*
Lucina spinifera (MONT.). — KOBELT.
Axinus flexuosus (MONT.). — KOBELT.

Fam. *Kellidae.*
Montacuta bidendata (MONT.). — Im Süden der Insel bei $17\frac{1}{2}$ Faden Tiefe in sandigem Schlick mit und ohne Muschelschalen: METZGER.

Fam. *Nuculidae.*
Nucula nucleus (L.). — LEUCKART, KOBELT, HAREN.
N. tumidula MALM. — PFEFFER.

Fam. *Ledidae.*
Leda pernula (O. F. MÜLL.). — KOBELT.
L. minuta (O. F. MÜLL.) = L. caudata DON. — KOBELT.
L. tenuis (PHIL.). — KOBELT.

Fam. *Arcidae.*
Arca lactea L. — Einzelne Schalen im Süden der Insel gefischt: METZGER.

Fam. *Mytilidae.*
Mytilus edulis L. — Häufig: PHILIPPI, LEUCKART; an allen Nordseeküsten im Schlick, Sand, an Steinen und Holz: METZGER, PFEFFER.
Modiola modiolus (L.). — An und zwischen Austern in 20—22 Faden Tiefe zwischen Helgoland und Spiekeroog: METZGER.
Modiolaria subpicta (CANT.) = M. poliana PHIL. — LEUCKART.
M. discors (L.) = Mod. marmorata FORB. — HAREN.
Crenella rhombea (BERK.). — KOBELT.

Fam. *Pectinidae.*
Pecten maximus (L.). — PHILIPPI.
P. opercularis (L.). — PHILIPPI; in 12—20 Faden Tiefe auf der Austernbank: METZGER.
P. varius (L.). — PHILIPPI, LEUCKART.
P. sinuosus (GMEL.). — Einzelne Schalen aus der Austernbank zwischen 11—20 Faden: METZGER.

Fam. *Limidae.*
Lima subauriculata (MONT.). — KOBELT.

Fam. *Anomiidae.*
Anomia ephippium L. — PFEFFER.

var. *cepa* L. — PHILIPPI, LEUCKART, und
var. *squamula* L. — METZGER.
A. aculeata O. F. MÜLL. — METZGER.
A. patelliformis L. — HAREN.

Fam. *Ostreidae*.
Ostrea edulis L. — Nicht selten: die grossen Bänke liegen vor der hol-
steinischen Küste: HOFFMANN, häufig: PHILIPPI, LEUCKART; die Bänke,
1847 entdeckt, liegen in 1 Meile Entfernung: vergl. hierüber ÖTKER. —
PFEFFER; die jährliche Leistungsfähigkeit derselben beträgt 1 Million:
LINDEMAN.

IV. Typus: Molluscoidea.

I. Cl. Brachiopoda, Armfüsser.

Fam. *Craniidae*.
Crania anomala (MÜLL.). — Nordhafen und Nathurn in 6—7 Faden
Tiefe auf steinigem Grund mit Austern- und Anomiaschalen: METZGER.

II. Cl. Bryozoa, Moosthierchen.

Literatur: RATHKE 2, HOFFMANN 3, LEUCKART 19, HALLIER 51, METZGER
65, KIRCHENPAUER 75.

Fam. *Membraniporidae*.
Membranipora membranacea (L.). — Sehr häufig als dünner Ueberzug
auf Steinen, Muscheln u. s. w.: HOFFMANN, LEUCKART; auf angespülten
Laminarien: METZGER.
M. pilosa (PALL.). — Sehr häufig als Kruste auf Fucus aculeatus: HOFF-
MANN, LEUCKART; im Helgoländer Tief bei $29^1|_2$ Faden Tiefe in san-
digem Schlick, im Nordhafen bei 2—4 Faden Tiefe an Steinen mit
Pflanzen, Polypen u. s. w.: KIRCHENPAUER.
Lepralia hyalina (L.). — Wie folgende, auch an dem becherförmigen
Laube von Himanthalia: METZGER.

Fam. *Discoporidae*.
Discopora coccinea RATHKE. — LEUCKART.

Fam. *Eschariporidae*.
Escharipora annulata FABR. — Auf einem angespülten Laminaria - Blatt
gefunden: METZGER.

Fam. *Gemellariidae*.
Gemellaria loricata (L.). — LEUCKART.

Fam. *Bicellariidae*.
Bicellaria ciliata (L.). — LEUCKART; im Nordhafen in 5—6 Faden Tiefe
auf steinigem Grund: KIRCHENPAUER.
Bugula plumosa (PALL.). — Im Nordhafen in 5—6 Faden Tiefe auf
steinigem Grund: KIRCHENPAUER.

Bugula flabellata Busk. — Im Nordhafen in 5—6 Faden Tiefe auf steinigem Grund: Kirchenpauer.

Fam. *Flustridae*.
Flustra foliacea L. — Wird häufig in grossen Stücken ans Land geworfen: Hoffmann, Leuckart; bei Helgoland massenhaft: Kirchenpauer.
F. carnosa Johnst. — Leuckart.

Fam. *Cellulariidae*.
Scrupocellaria scruposa (L.). — Leuckart; Nordhafen in 0—3 Faden Tiefe: Kirchenpauer.
Canda reptans (L.). — Nordhafen in 1 Faden Tiefe: Kirchenpauer.
Caberea ellisii (Flem.). — Im Helgoländer Tief in $19^1|_2$ Faden Tiefe in sandigem Schlick: Kirchenpauer.

Fam. *Vesiculariidae*.
Bowerbankia densa Farre. — Leuckart.

Fam. *Alcyonidiidae*.
Alcyonidium gelatinosum (Pall.). — Leuckart.
A. parasiticum (Flem.). — Im Westwestnord in 20 Faden Tiefe: Kirchenpauer.

Fam. *Tubuliporidae*.
Phalangella palmata (Wood). — Im Nordhafen in 5—6 Faden Tiefe auf steinigem Grund: Kirchenpauer.

Fam. *Diastoporidae*.
Diastopora patina Lam. — Leuckart.

Fam. *Crisiidae*.
Crisia eburnea (L.). — Leuckart.

V. Typus: Arthropoda, Gliederfüsser.

I. Cl. Insecta, Insecten.

Ordn. Coleoptera, Käfer.

Systematische Anordnung und Nomenclatur nach Heyden, L. v., Reitter, E., und Weise, J., Catalogus Coleopterorum Europae et Caucasi. Berolini, 1883. 8⁰. 228 pg.

Literatur: Banse 11.

Fam. *Cicindelidae*.
Cicindela campestris L. — 2mal auf der Düne.
C. hybrida L. var. *riparia* Dej. — Auf der Düne: Heinemann i. l.
C. silvatica L. — 2 sehr schöne Stücke, auf der Insel.
C. germanica L. — Einmal gefangen.

Fam. *Carabidae*.
Calosoma sycophanta L. — Grün: sporadisch in 4—8 Stücken; schwarz: 2mal.

Carabus granulatus L. — Auf den Kartoffelfeldern laufend: Banse; gemein.

C. ullrichii Germ. = C. morbillosus Panz. — Nur einmal.

Nebria cursor Müll. = N. brevicollis Fabr. — Sehr häufig.

Notiophilus aquaticus L. — 1 Expl.

N. palustris Duft. — Auf dem Unterlande: Heinemann i. l.

N. biguttatus Fabr. — 2mal.

N. substriatus Wth. = N. punctulatus Wesm. — 2 Stücke.

Blethisa multipunctata L. — 1 Exempl.

Bembidion dentellum Thunbg. = B. undulatum Duf.

B. decorum Panz. — Unterland: Heinemann i. l.

B. tibiale Duft. — 1 Exempl.

B. testaceum Dft. = B. obsoletum Dej. — Ziemlich häufig.

B. andreae Fabr. — Mehrmals gesammelt.

B. ustulatum L. — Häufig.

B. lunulatum Frc. = B. riparium Ol. — Einzeln erhalten.

B. harpaloides Serv. — Selten.

B. striatum Gyll. = B. pumilio Dft. — Einzeln.

Trechus quadristriatus Schrk. = Tr. minutus Fbr. — Sehr gemein.

Pogonus chalceus Mrsh. = P. halophilus Nicol. — Unterland: Heinemann i. l.

Broscus cephalotes L. — Häufig auf der Düne unter Steinen: Banse; nie auf Helgoland: Gätke.

Clivina fossor L. — Häufig, doch zerstreut.

Dyschirius nitidus Dej. — Ein Stück auf der Düne gefangen.

Lorocera pilicornis Fabr. — Nicht selten.

Chlaenius nigricornis Fabr. — Einmal 6 Exempl. unter einem Stein im Garten, nicht wieder gesehen: Gätke i. l.

Ch. tristis Schall. = Ch. holosericeus Fabr. — 1 Exempl.

Badister sodalis Dfl. — Einzeln und selten.

Anisodactylus binotatus Fabr. — Oefters.

Ophonus puncticollis Pk. — Vereinzelt.

Pseudophonus pubescens Müll. = P. ruficornis Fabr. — Sehr gemein auf der Insel.

P. griseus Panz. — Nicht häufig.

Harpalus aeneus Fabr. — Auf den Kartoffelfeldern laufend: Banse; sehr häufig.

    var. *confusus* Dft. — Selten.

H. rubripes Dft. — Häufig.

H. rufimanus Mrsh. — Häufig.

H. tardus Panz. — Weniger zahlreich.

H. serripes Quens. — Häufig.

H. servus Dft. — Selten.

H. anxius Dft. — Selten.

Stenolophus flavicollis Sturm. — 1 Exempl.

St. meridianus L. — Sehr häufig.

Amara similata Gyll. = A. obsoleta Dft. — Sehr häufig.

A. ovata Fabr. = A. obsoleta Dej. — Häufig.

Amara communis Panz. — Selten.
A. aenea Deg. = A. trivialis Gyll. — Selten.
A. eurynota Panz. = A. acuminata Payk. — Häufig.
A. familiaris Dft. — Sehr häufig.
A. livida Fabr. = A. bifrons Gyll. — Sehr gemein.
A. aulica Panz. — Häufig.
A. convexiuscula Mrsh. — 2 Exempl.
A. consularis Dft. — Selten.
A. fulva Deg. — Oefters.
A. apricaria Payk. — Selten.
Pterostichus vulgaris L. = P. melanarius Ill. — Sehr häufig.
P. nigritus Fbr. — Sehr häufig.
Adelosia macra Steph. = A. picimana Dft. — Häufig.
Poecilus cupreus L. — Auf Kartoffelfeldern laufend: Banse; sehr häufig,
ja gemein.
Lagarus vernalis Panz. — Einzeln und selten.
Calathus fuscipes Göze = C. cisteloides Panz. — Zahlreich.
C. ambiguus Payk. = C. fuscus Fbr. — Häufig.
C. mollis Mrsh. = C. ochropterus Dej. — Nicht oft.
C. melanocephalus L. — Häufig.
var. *nubigena* Hald. — 1 Exempl.
Synuchus nivalis Panz. = Taphria nivalis Ill. — Ziemlich selten und
vereinzelt.

Agonum marginatum L. — Mehrere Exempl.
A. sexpunctatum L. — Einzeln und selten.
A. mülleri Hbst. = A. parum punctatum Hbn. — Oftmals.
A. viduum Panz. — Zahlreich.
Clibanarius dorsalis Panz. = A. prasinus Thbg. — Sehr zahlreich.
Demetrias atricapillus L. — 1 Exempl.
D. imperialis Germ. — Selten.
Dromius linearis Oliv. — Unterland: Heinemann i. l.
D. 4-notatus Panz. — 1 Exempl.
D. 4-maculatus L. — 1 Exempl.
Blechrus minutulus Göze = Bl. glabratus Dft. — Sehr selten.

Fam. *Dyticidae*.
Laccophilus hyalinus Deg. — Selten.
L. obscurus Panz. — 1 Exempl.
Hydroporus discretus Fairm. — 1 Exempl.
Agabus nebulosus Forst. = A. bipunctatus Fbr. — Vereinzelt.
A. bipustulatus L. — Unterland: Heinemann i. l.
Ilybius fenestratus Fbr. — Einzeln und selten.
Rhantus suturalis Lac. = R. notatus Fbr. — Oefters.
Colymbetes fuscus L. — Oefters.
Dyticus marginalis L. — Sporadisch, in wenigen Stücken, im Herbst.
Hydaticus transversus Pont. — Sehr selten.
Acilius sulcatus L. — Vereinzelt.

Fam. *Gyrinidae.*
Gyrinus natator L. — Nur selten gefangen.
G. bicolor Pk. — 1 Exempl.

Fam. *Hydrophilidae.*
Helophorus costatus Gözе = H. nubilus Fbr. — Einzeln.
H. aquaticus L. — Ziemlich selten.
H. aeneipennis Thoms. — 1 Exempl.
H. pumilio Er. — Mehrmals gefangen.
Hydrophilus piceus L. — Alljährlich mehrere Stücke, namentlich im
Herbste.

Fam. *Sphaeridiidae.*
Sphaeridium scarabaeoides L. — Sehr häufig, ja gemein.
S. bipustulatum Fbr. — Selten.
Cercyon littoralis Gyll. — Unter faulenden Algen nicht häufig: Banse;
häufig am Strande unter Steinen.
C. impressus Sturm = C. haemorrhoidalis auct. — Häufig.
C. melanocephalus L. — Einzeln.
C. unipunctatus L. — Häufig.
C. analis Payk. — Sehr häufig.
Megasternum boletophagum Mrsh. — 1 Exempl.

Fam. *Staphylinidae.*
Aleochara fuscipes Grav. — Einzeln.
A. brevipennis Grav. — Selten.
A. verna Say = A. binotata Kr. — Heinemann i. l.
A. obscurella Gr. — Wie Staphylinus maxillosus, aber nicht häufig:
Banse.
Homalota umbonata Er. — 1 Exempl.
Tachinus rufipes L. — Einzeln.
T. flavipes Fbr. — Heinemann i. l.
Tachyporus obtusus L. — Häufig.
T. chrysomelinus L. — Häufig.
T. hypnorum L. — Sehr häufig.
T. nitidulus Fbr. = T. brunneus Fbr. — Häufig.
Heterothops praevia Er. — Häufig.
H. binotata Grav. — Auf der Düne zahlreich: Heinemann i. l.
Quedius fulgidus Fbr. — Einzeln.
Emus maxillosus L. — Ueberaus häufig unter faulenden Algen, nament-
lich unter Laminaria saccharina und digitata: Banse.
Leistotrophus nebulosus L. — 1 Exempl. unter voriger Art.
L. murinus L. — 1 Exempl.
Staphylinus erythropterus L. — 1 Exempl. im Mist.
St. ater Gr. = St. morio Sahlbg. — Sehr häufig.
St. edentulus Block = St. morio Grav. — Einzeln.
Cafius xanthomelaena Gr. — Wie St. maxillosus; ziemlich häufig, doch
waren damals die meisten noch im Larvenzustande: Banse; zahlreich
auf der Düne.

Philonthus nitidus Fbr. — Selten und einzeln.
Ph. umbratilis Gr. — Selten.
Ph. aeneus Rossi. — Häufig.
Ph. politus Fbr. — Häufig.
Xantholinus punctulatus Pk. — Mehrmals gefangen.
Oxytelus insecatus Gr. — Häufig unter Tangen.
O. inustus Gr. — Selten.
O. complanatus Er. — Sehr häufig.
Homalium rivulare Pk. — Nicht selten.

Fam. *Silphidae.*
Ptomaphagus picipes Fbr. — Häufig; unter Tangen.
Phosphuga atrata L. — Einzeln und selten.
Ph. opaca L. — Einzeln und selten.
Thanatophilus rugosus L. — Einzeln unter Tangen und an ausgelegtem Aase.
Th. sinuatus L. — Sehr zahlreich an denselben Fundstellen.
Necrodes littoralis L. — Nur wenige gefangen.
Necrophorus germanicus L. — Sporadisch, einmal eine Brut von 5—6 Stücken im Dung eines Schafstalles gefunden.
N. vespillo L. — Sporadisch.
N. vespilloides Hbst. = N. mortuorum Fbr. — Nur einmal gefunden.

Fam. *Trichopterygidae.*
Ptenidium evanescens Mrsh. = Tr. apicale Gllm. — Einzeln.

Fam. *Erotylidae.*
Dacne bipustulata Thbg. = Engis humeralis Fbr. — Selten.

Fam. *Endomychidae.*
Mycetaea hirta Mrsh. — Nicht selten.

Fam. *Cryptophagidae.*
Cryptophagus lycoperdi Hbst. — Häufig.
Cr. pilosus Gyll. — 1 Exempl.
Cr. saginatus Sturm. — Nicht selten.
Cr. scanicus L. — Nicht selten.
    var. *hirtulus* Kr. — Nicht selten mit der Art.
Atomaria pulchella Herr. — Häufig.
A. fuscata Schh. — Selten.
A. zetterstedti Zett. — Häufig.
A. ruficornis Mrch. — Sehr gemein.
Epistemus globulus Pk. — Häufig.

Fam. *Lathridiidae.*
Lathridius lardarius Deg. — 2 Exempl.
L. angulatus Mnh. — 1 Exempl.
Enicmus minutus L. — Sehr gemein.
E. transversus Ol. — Nicht selten.
Corticaria fulva Com. = C. gaetkei Heinemann i. coll, — Vier Stücke unter einem Stein am Strande im Unterland,

Fam. *Tritomidae.*
Typhaea fumata L. — Auf Himbeergebüsch einzeln.

Fam. *Nitidulidae.*
Nitidula bipustulata L. — 1 Exempl.
Omosita colon L. — Einzeln, aber häufig.'
Meligethes brassicae Scop. = M. aeneus Fbr. — Sehr häufig.
M. *viridescens* Fbr. — Einzeln.
M. *gagatinus* Er. — Einzeln und selten.

Fam. *Trogositidae.*
Tenebrioides mauritanica L. — Gelegentlich in Victualien.

Fam. *Dermestidae.*
Dermestes lardarius L. — Gemein, wie allerorts.
Attagenus piceus Ol. = A. megatoma Fbr. — Einzeln.
A. *pellio* L. — Häufig.

Fam. *Cistelidae* (Byrrhidae).
Byrrhus pilula L. — Sehr oft, aber stets einzeln.

Fam. *Histeridae.*
Hister unicolor L. — Einzeln mit folgenden.
H. *cadaverinus* Hoffm. — Sehr gemein.
H. *carbonarius* Ill. — Zu Tausenden.
Saprinus aeneus Fbr. — Oefters, doch einzeln.
Gnathoncus punctulatus Thoms. — Sehr gemein.

Fam. *Scarabaeidae.*
Aphodius erraticus L. — Sehr häufig; wie alle folgenden ausschliesslich
    im Schafdung auf den Weideplätzen des Oberlandes.
A. *fimetarius* L. — Weniger zahlreich als voriger.
A. *granarius* L. — Selten.
A. *rufus* Moll. = A. rufescens Fbr. — Häufig.
A. *inquinatus* Fbr. — Häufig.
A. *pusillus* Herbst. — Einzeln.
A. *4-maculatus* L. — Häufig: Heinemann i. l.
A. *merdarius* Fbr. — Selten.
A. *prodromus* Brhm. — Zahlreich.
A. *rufipes* L. — Häufig.
A. *luridus* L. — Sehr häufig.
A. *depressus* Kug. = A. nigripes Dft. — Weniger zahlreich.
Aegialia arenaria Fbr. = A. globosa Kgl. — Selten.
Geotrupes stercorarius L. — „Vor 30 Jahren und weiter zurück ganz
    gemein — jetzt, d. h. seit jener Zeit fast ganz verschwunden — wie
    ich glaube, in Folge Klima-Aenderung. So ist auch *Epeira diademeta* Cl.
    in gleicher Weise ganz verschwunden; auch sie war vor 30 Jahren
    gemein." Gätke i. l.
G. *silvaticus* Pnz. — Nur 2mal gefangen.
G. *vernalis* L. — Selten.
Melolontha vulgaris Fbr. — Innerhalb 50 Jahren nur 1 Exemplar ge-

fangen, trotz des ausgedehnten Kartoffelbaues und des Mangels an Engerlingvertilgern.

Trichius fasciatus L. — Nur wenige Exemplare erhalten.

Fam. *Buprestidae.*
Buprestis rustica L. — 2mal erbeutet.

Fam. *Elateridae.*
Lacon murinus L. — Oft erhalten, auch rein schwarze Exemplare.
Melanotus rufipes Hbst. — Nur einmal erhalten.
Athous porectus Hbst. = A. hirtus auct. — Häufig.
Agriotes aterrimus L. = A. obscurus Hbst. — Häufig.
A. sputator L. — Nicht selten.
A. lineatus L. = A. segetis Berk — Einzeln.
Sericus brunneus L. — 1 Exempl.

Fam. *Dascyllidae.*
Cyphon variabilis Thmbg. = C. pubescens Fbr. — Vereinzelt.

Fam. *Cantharidae.*
Malachius bipustulatus L. — Nur 1 Exempl.
Dasytes coeruleus Deg. = D. cyaneus Fbr. — 1 Exempl.
Psilothrix nobilis Ill. = Das. viridis Rossi. — Ueber das Vorkommen dieser hochinteressanten südeuropäischen Art auf Helgoland schreibt Banse, der die Art zuerst namhaft machte: „... wurde von meinem Freunde und Reisegefährten, dem Herrn Justizcommissarius Damm hieselbst, einem genauen Beobachter und fleissigen Sammler, an den Aehren von Elymus arenarius L. entdeckt. Ueber die geographische Verbreitung dieses Kerfes bemerke ich noch, dass sich dasselbe nach dem Zeugnisse des Herrn Prof. Dr. Kunze zu Leipzig auch am mittelländischen Meere in der Gegend von Nizza findet, woselbst es von demselben in mehrfacher Zahl gesammelt ist. Ein mir gütigst überlassenes Exemplar von daher unterscheidet sich von den Helgoländern nur durch eine mehr ins Goldige ziehende grüne Farbe der Deckschilde." — Von daher ging der Fundort in alle Handbücher über. — Die Art ist auf der Düne geradezu häufig, namentlich auf Cichoriaceen.

Fam. *Cleridae.*
Opilio mollis L. — Sehr oft in Wohnungen.
Clerus apiarius L. — 2mal gefangen.

Fam. *Bruchidae* (Ptinidae).
Bruchus fur L. — Gemein.

Fam. *Byrrhidae* (Anobiidae).
Anobium rufipes Fbr.
Ptilinus pectinicornis L. — Einzeln.

Fam. *Tenebrionidae.*
Blaps mortisaga L. — Nur 1 Exempl.
Bl. mucronata Latr. = B. obtusa Sm. — Mehrmals gefangen.
Crypticus quisquilius L. — Häufig.
Heliopates gibbus Fbr. — Heinemann i. l.

Tribolium ferrugineum L. — Selten.[1]
Tenebrio molitor L. — Oftmals, doch nur in Wohnungen.

Fam. *Anthicidae.*
Notoxus monoceros L. — Oefters gefunden.

Fam. *Mordellidae.*
Anaspis arctica ZETT. — Häufig.
A. flava L. — 1 Exempl.

Fam. *Meloidae.*
Meloë variegatus DON. — Nicht selten; die einzige Art dieser Gattung auf der Insel.

Fam. *Oedemeridae.*
Nacerdes melanura L. — 1 Exemplar auf Gartenblumen gefunden: BANSE; in GÄTKE's Sammlung sind deren zwei.

Fam. *Curculionidae.*
Otiorrhynchus niger FBR. — Selten.
O. laevigatus FBR. — Nur wenige Male erhalten.
O. atroapterus DEG. — Selten und einzeln.
O. ligneus OL. = *O. scabridus* STEPH. — Häufig.
O. singularis L. = *O. picipes* FBR. — Einzeln und selten.
O. sulcatus FBR. — Häufig.
O. ovatus L. — Häufig.
Periteles griseus OL. — Sehr oft erhalten.
Sitona puncticollis STEPH. = S. flavescens THOMS. — Häufig.
S. lineatus L. — Häufig.
S. lateralis GYLL. — Selten und einzeln.
S. hispidula FBR. — Gemein.
Limophloeus tessellatus BSD. = L. nubilus FBR. — Häufig.
Barynotus murinus BSD. = B. obscurus FBR. — Sehr häufig, auf Klettenblättern.
Hypera polygoni FBR. — Selten und einzeln.
Cleonus sulcirostris L. — Selten zu erhalten.
Hylobius abietis L. — 1 Exempl.
Pissodes pini L. — Mehrmals gefangen.
Cryptorhynchus lapathi L. — Eine Pest der im Garten für Phylloscopa superciliosa gezogenen Salix Smithiana.
Balaninus tesselatus FBCR. = B. turbatus GYLL. — Selten und einzeln.
Ceutorhynchidius troglodytes FBR. — Sehr gemein, ja massenhaft.
Ceutorhynchus syrites GERM. — Selten.
C. sulcicollis PK. — Häufig.
C. contractus MRSH. — Häufig.
Calandra oryzae L. — Zufälliges Vorkommen in Victualien.
Phloeophagus spadix HBST. — Häufig.

Fam. *Apionidae.*
Apion pisi L. — Häufig.
A. miniatum GERM. — Zahlreich erhalten.

A. aterrimum L. — Einzeln, doch öfters.

Fam. *Hylesinidae.*
Hylesinus fraxini Fbr. — Einzeln.

Fam. *Cerambycidae.*
Stenocorus mordax Deg. = Rhagium inquisitor Fbr. — 1 Exempl.
Toxotus merdianus Pnz. — 1 Exempl.
Leptura livida Fbr. — Selten.
Obrium brunneum L. — 1 Exempl.
Gracilia minuta Fbr. — Selten und einzeln.
Criocephalus rusticus L. — Nur ein paarmal.
Calidium variabile L. — Sehr oft, ohne häufig zu sein; „zieht offenbar zu". Gätke i. l.
C. violaceum L. — Ziemlich oft, doch nur einzeln.
C. sanguineum L. — Nur einmal gefangen.
Hylotrupes bajulus L. — Häufig; zerstört die Fussböden in den Gebäuden.
Clythus arcuatus L. — Früher öfters, jetzt lange nicht mehr vorgekommen.
Aromia moschata L. — 1 Exempl.
Acanthocinus aedilis L. — Ein paarmal erhalten.
Lamia textor L. — Nur einmal erhalten.
Monochammus sutor L. — Früher öfter, jetzt nur selten.
M. galloprovincialis Ol. — Aus Südeuropa importirt; in 4 lebenden Stücken vor Jahren erhalten. Wohl mit Werkholz auf die Insel gekommen.
Saperda populnea L. — 1 Exempl.
S. carcharias L. — Früher an Pappeln auf der Insel gar nicht selten, jetzt lange Jahre nicht mehr gesehen.

Fam. *Chrysomelidae.*
Lema cyanella Fbr. — Selten.
Gastroidea polygoni L. — Ziemlich häufig.
Chrysomela marginata L. — Einzeln und selten.
Chr. violacea L. — Zweimal.
Chr. graminis L. — Einzeln.
Chr. menthastri Suffr. — 1 Exempl.
Chr. polita L. — 1 Exempl.
Phaedon cochleariae Fbr. — Häufig.
Melasoma populi L. — Nur 3mal gefangen.
Galeruca tanaceti L. — Selten und einzeln.
Podagrica fuscicornis L. — Sehr häufig.
Crepidodera helxines L. — Häufig.
C. ferruginea Scop. — Häufig.
Psylliodes anglica Fbr. — Selten.
Ps. chrysocephala L. — Einzeln und selten.
Ps. mercida Ill. — Häufig.
Ps. obscura Dft. — Häufig.
Haltica oleracea L. — Einzeln und selten,

Phyllotreta undulata Kutsch. = Ph. flexuosa Rdtb. — 1 Expl.
Ph. cruciferae Göze = Ph. obscurella Ill. — Einzeln und selten.
Ph. nigripes Fabr. = Ph. lepidii Koch. — Einzeln und selten.
Longitarsus pusillus Gyll. — 1 Expl.
Cassida vibex L. = C. rubiginosa L. — Viele im Dünentang und am Strande.
C. nebulosa L. — Gleichfalls nur auf der Düne.

Fam. *Coccinellidae.*

Hippodamia 13-punctata L. — Einzeln und selten.
Adonia variegata Göze = A. mutabilis Scb. — Einzeln; „manchmal aber an den Dünenstrand zu vielen Tausenden antreibend": Gätke.
Adalia 2-punctata L. — Ziemlich häufig, doch zerstreut.
Coccinella 7-punctata L. = C. dispar Schn. — Häufig.
C. 5-punctata L. — Häufig, doch nur vereinzelt.
C. 11-punctata L. — Einzeln und nicht ganz selten.
C. 10-punctata L. = C. variabilis Fbr. — Gemein in zahllosen Abänderungen.
Halyzia ocellata L. — Ziemlich selten.
H. conglobata L. — Sehr häufig.

Ordn. Hymenoptera, Hautflügler.

Fam. *Apidae.*

Apis mellifica L. Honigbiene. — Einzelne Stücke, wohl verflogen, da Bienenzucht auf der Insel nicht betrieben wird.
Bombus terrestris L. — und
B. lapidarius L. — Auf der Insel und auf der Düne.
B. hortorum L. — Ein Stück in Gätke's Garten.
Anthophora quadrimaculata Fabr. = A. subglobosa Kbg. — Selten und einzeln.
Eucera longicornis L. — Ziemlich häufig.
Halictus nanulus Schck. — In Cichoriaceen auf der Düne und auf der Insel; mit ihr
Sphecodes ephippia L. — Ein Stück.
Prosopis armillata Nyl. — und
Pr. communis Nyl. — Am Gehölz auf der Düne.
Megachile centuncularis L. — Ein Stück auf der Insel.
Coelioxys simplex Nyl. — Mehrere Exempl.
C. acuminata Schck. — Ein ♀.

Fam. *Vespidae.*

Odynerus parietum L. — 1 ♀ und 1 ♂: Kopfschild ganz gelb, Schildchen und Hinterschildchen schwarz, die Erweiterung des gelben Hinterrandes zu beiden Seiten des ersten Segmentes hat das Aussehen zweier querovaler missfarbiger weisser Flecken, welche auch auf dem eigentlich gelben, aussen nach vorne umgebogenen Rande aufliegen.

Fam. *Crabronidae*.
Crabro leucostoma L. — 1 ♂.
C. denticrus H. Sch. — 1 ♀ mit ganz schwarzen Mittelschienen.
Pemphredon unicolor Shuck. — In dürren Pflanzenstengeln auf der Düne.

Fam. *Pompilidae*.
Pompilus viaticus L. — Auf der Düne ein Stück.

Fam. *Chrysididae*.
Chrysis ignita L. — Nicht selten, namentlich an Pfählen und Pfosten auf der Düne; der Hinterleib ist feuerroth oder purpurroth: einige Stücke haben die halbe Grösse der normalen.

Fam. *Formicidae*.
Lasius flavus L. — Auf der Düne.
Tetramorium caespitum L. — Gleichfalls auf der Düne; eine Colonie im Oberland bei der Batterie.

Fam. *Ichneumonidae*.
Ichneumon lineator Gr. Wesm. var. 1 ♂. — 1 Expl.
I. castaneiventris Gr. = I. haemorrhoidalis Gr. Wesm. var. segm. 2^0—3^0 margine ant. et post., 4^0 et 5^0 dorso, 6^0 macula media basali nigris. — 1 ♂.
I. deliratorius Fbr. ♂, Wesm. ♀ = I. multiannulatus Gr. ♂. — 1 Expl.
I. pachymerus Htg. Rtzb. = I. trucidus Tischb. — 1 ♀.
Amblyteles armatorius Forst. = I. fasciatorius Fbr. Wesm. — 1 ♀, 4 ♂.
Cryptus viduatorius Fbr. Gr. — 1 Pärchen.
Bassus ruficornis Hgr. — 1 ♀.
Pimpla instigator Fbr. Gr. — 1 sehr kleines ♂.
P. turionellae L. Gr. var. 1. — 1 ♀.
P. alternans Gr. var. 1 ♀. — 1 Exempl.
P. rufata Gr. — 2 Exempl.; eines halb so gross wie das andere.
P. n. sp. (die Art wird von Dr. Kriechbaumer beschrieben werden).
P. melanocephala Gr. = P. bicolor Boie. — 1 ♂.
Lissonota illusor Gr. „facie tantum lineolis duabus infra antennas“. — 1 Exempl.
Exochilum circumflexum L. Gr. Wesm. — 1 ♀.
Paniscus testaceus Gr. — Mehrere Stücke.
P. virgatus Fbcr. Gr. — 1 Exempl.

Fam. *Evaniidae*.
Foenus affectator L. — 1 Stück auf der Düne gefangen.

Fam. *Cynipidae*.
Agroscopa helgolandica Först. — Förster.

Fam. *Tenthredinidae*.
Athalia rosae L. — Sehr häufig, auf der Insel und auf der Düne.
Nematus ribesii Scop. = N. ventricosus Klg. — Auf Stachelbeersträuchern in Gätke's Garten.

Fam. *Uroceridae.*

Sirex juvencus L. — 1 ♀.

S. gigas L. — 1 Pärchen.

S. spectrum L. — 1 ♂ — von Gätke erbeutet, wurde wohl mittels Bau- oder Werkholz importirt.

Ordn. Lepidoptera, Schmetterlinge.

Systematische Anordnung und Nomenclatur nach: Staudinger, O., und Wocke, M., Catalog d. Lepidopteren des Europäischen Faunengebietes. Dresden, 1871. 8⁰. 426 pg.

Literatur: Banse 11, de Selys 111, Anonym 112, Wahnschaffe 114, Depuiset 121.

Fam. *Papilionidae.*

Papilio podalirius L. — In früheren warmen Sommern einzeln: Selys.

P. machaon L. — Nur zweimal: Selys.

Fam. *Pieridae.*

Aporia crataegi L. — Selys; einmal.

Pieris brassicae L. — Selys; gemein.

P. rapae L. — Selys; häufig.

P. napi L. — Selys; häufig.

P. daplidice L. — Endemisch; ein Pärchen, ganz intact; früher überhaupt ziemlich häufig.

Anthocharis cardamines L. — Einzeln und selten.

Leucophasia sinapis L. — Selys; zweimal.

Colias palaemo L. — Selys; selten.

C. hyale L. — Selys; öfters.

C. edusa L. — Selys; hin und wieder.

Rhodocera (Gonopteryx) rhamni L. — Selys; einheimisch, aber nicht häufig.

Fam. *Polyommatidae.*

Polyommatus hippothoë L. — Selys; ein Stück.

P. dorilis Hufn. — 1 Stück.

P. phleas L. — Selys; einzeln, früher zahlreich.

Lycaena argyrotoxus Bgstr. (L. aegon Schn.). — Oefters vorgekommen.

L. icarus Rott. (L. alexis Ochs.). — Selys; vereinzelt.

L. argiolus L. (L. acis Fbr.). — Selys.

L. cyllarus Rott. — Selten und vereinzelt.

L. arion L. — Selys.

Fam. *Apaturidae.*

Apatura iris L. — Selys; 1 Stück.

Fam. *Nymphalidae.*

Limenitis sibylla L. — Selys; einige Male gefangen.

Vanessa C-album L. — Selys; vereinzelt.

V. polychloros L. — Selys; einzeln.

V. xanthomelas Esp. — 1 Stück.

Vanessa urticae L. — Selys; einheimisch und alljährlich.
V. io L. — Selys; einheimisch.
V. antiopa L. — Selys; einzeln und nur in geringer Zahl.
V. atalanta L. — Selys; einheimisch.
V. cardui L. — Alljährlich; in einzelnen Jahren häufig und zahlreich. Selys; einheimisch.
Melitaea didyma Ochs. — Ein Stück in Gätke's Sammlung, repräsentirt das ganze Genus: Selys.
Argynnis aphirape Hübn. — 1 Stück.
A. dia L. — Selys; früher zahlreich, jetzt selten.
A. latonia L. — Selys; einzeln.
A. aglaia L. — Selys; einige Male gefangen.
A. paphia L. — Selys; früher einige Male.

Fam. *Satyridae.*
Melanargia galathea L. — Selys; einzeln und selten.
Satyrus circe Fbr. — 1 Exempl.
S. semele L. — Selys; früher öfters.
Parage maera L. — Selys; vereinzelt.
P. megaera L. — Selys; öfters, namentlich in früheren Jahren.
P. algeria L. — Selys.
Epinephele ianira L. — Selys.
E. tithonus L. — Selys.
E. hyperanthus L. — Selys; früher öfter.
Coenonympha iphis Schiff. — Selys.
C. arcania L. — 1 Exempl.
C. pamphilus L. — Selys; vereinzelt.
C. typhon Rott. == C. davus Fbr. — Selys; einzeln.

Fam. *Hesperiidae.*
Hesperia lineola Ochs. — Einzeln.
H. sylvanus Esp. — Einzeln.
H. comma L. — Selys.

Fam. *Sphingidae.*
Acherontia atropos L. — Wiederholt beobachtet, doch nicht auf der Insel brütend, trotz des massenhaften Kartoffelbaues. Wahnschaffe berichtet: „Der k. Lieut. zur See Herr W. Faber theilte mir unlängst folgende Nachricht mit: Am 19. September c. (1882) erreichte nach 7 Uhr früh ein ♂ Todtenkopf das Verdeck von S. M. Kbt. „Drache" und liess sich anscheinend ermattet darauf nieder. Er wurde alsbald gefangen und durch Chloroform getödtet. Der Kurs des Schiffes war SW., der Wind kam aus OSO., war aber nicht sehr heftig, der Himmel bewölkt, und die Temperathr + 16 °C. Der „Drache" befand sich zu jener Zeit ungefähr 18 Seemeilen (= 4½ geogr. Meilen, südwestlich von Helgoland und deren 20 etwa nördlich von Norderney entfernt." — Selys.
Sphinx convolvuli L. — Selys; einheimisch.
Sph. ligustri L. — Selys; nur einmal zahlreich beobachtet.

Sphinx pinastri L. — Selys; ein paarmal zugeflogen.
Deilephila galii Rott. — Selys; einzeln Raupe und Imago gefangen.
D. euphorbiae L. — Selys; wie vorige.
D. celeris L. — Selys; einmal lebend gefangen.
D. elpenor L. — Selys; etwa 3mal.
D. porcellus L. — Selys; 1 Exempl.
D. nerii L. — 1 Exempl. vor Jahren erbeutet.
Smerinthus tiliae L. — Selys; vereinzelt Raupen und Schmetterlinge gefangen.
Sm. ocellatus L. — Selys; wie vorige.
Sm. populi L. - Selys; wie vorige.
Macroglossa stellatarum L. — Selys; einheimisch und sehr gewöhnlich.

Fam. *Zygaenidae*.
Zygaena pilosellae Esp. = Z. minos Fuessli. — Einzeln: Selys.
Z. scabiosae Schéven. — Einzeln und selten.

Fam. *Nycteolidae*.
Earias vernana Hb. — 1 Exempl.
Hylophila prasinana L. — Sehr selten.
H. bicolorana Fuessli. — Sehr selten.

Fam. *Lithosiidae*.
Nola cucullatella L. — 1 Stück.
Lithosia muscerda Hufn. — Einige Exempl.
L. lutarella L. — Mehrmals.
Gnophria quadra L. — Einige Male, doch dann in ziemlicher Anzahl.

Fam. *Arctiidae*.
Deiopeia pulchella L. — Selten.
Euchelia jacobaeae L. — Früher oft, seit Jahren nicht mehr.
Nemeophila russula L. — Einzeln.
Callimorpha dominula L. — Ein paarmal.
Arctia caja L. — Vereinzelt zufliegend, doch immerhin der häufigste Repräsentant der Gattung.
Spilosoma lubricipeda Esp. — Häufig und einheimisch; noch häufiger:
var. *zatima* Cr. und
var. *deschangei* Dep. = radiata Gätke i. coll. — Selys.
Sp. menthastri Esp. — Einzeln.

Fam. *Hepialidae*.
Hepialus humuli L. und
H. sylvinus L. — Je 1 Exempl.
H. hecta L. — Einheimisch; häufig, namentlich früher.

Fam. *Liparidae*.
Orgyia antiqua L. — Nicht selten.
O. ericae Germ. — Einzeln.
Dasychira fascelina L. und
D. pudibunda L. — Einzeln und selten.
Laria V-nigrum L. — Selten.

Leucoma salicis L. — Häufig, aber nicht zahlreich.
Porthesia chrysorrhoea L. — Im Herbst öfters.
P. similis Fuessli = P. auriflua Fbr. — Einzeln.
Psilura monacha L. — Einzeln, doch ein paarmal in Millionen.
Ocneria dispar L. — Einzeln und selten.

Fam. *Bombycidae.*
Bombyx castrensis L. — Einzeln.
B. neustria L. — Häufig; nicht einheimisch.
Lasiocampa pini L. — Ziemlich häufig.

Fam. *Saturniidae.*
Aglia tau L. — 1 Exempl.

Fam. *Notodontidae.*
Harpyia erminea Esp. — Einzeln und selten.
H. vinula L. — Mehrmals gefangen.
Notodonta tremula Cl. — Selten.
Pygaera bucephala L. — Einmal eine Brut Raupen.

Fam. *Cymatophoridae.*
Cymatophora octogesima Hüb. = C. ocularis L.
C. or Tr.
Asphalia flavicornis L.

Fam. *Bombycoidae.*
Diloba coeruleocephala L.

Fam. *Acronyctidae.*
Acronycta aceris L. — Vereinzelt.
A. megacephala Fbr. — Oefters.
A. tridens Schiff. — Gemein; einheimisch.
A. psi L.
A. euphorbiae Fbr.
A. euphrasiae Brahm.
A. rumicis L.
Bryophila perla Fbr. — Gemein, einheimisch.
Agrotis polygona Fbr.
A. linogrisea Esp. — Ein paarmal.
A. fimbria L. — Gemein, einheimisch.
A. pronuba L. — Einheimisch, sehr zahlreich.
var. *inuba* Tr.
A. orbona Hfn. — Nicht oft.
A. comes Hbn. — Nicht oft.
A. baja Fbr. — Selten.
A. triangulum Hfn.
A. C-nigrum L. — Früher oft, jetzt nicht mehr.
A. ditrapezium Bkh.
A. stigmatica Hbn. = rhomboidea Tr.
A. xanthographa Fbr. — Einige Male.
A. brunnea Fbr. — Ziemlich oft.

Agrotis festiva Hbn.
A. simulans Hfn.
A. lucipeta Fbr.
A. putris L.
A. exclamationis L. — Gemein, einheimisch.
A. cursoria Hfn.
A. nigricans L.
A. tritici L.
A. obelisca Hbn.
A. trux Hfn.
A. ypsilon Rott. == A. suffusa auct. — Selten.
A. segetum Schiff. — Gemein.
A. corticea Hb. == A. clavis auct. — Häufig.
A. praecox L. — Von 10 Uhr Abends an zuziehend.
A. prasina Fbr. == A. herbida Hbn. — Früher oft, jetzt nicht mehr.
A. occulta L. — Alljährlich, doch in geringer Anzahl.

Fam. *Hadenidae.*

Charaeas graminis L.
Mamestra tincta Brahm.
M. nebulosa Hfn.
M. pisi L.
M. brassicae L. — Gemein, einheimisch.
M. persicariae — Ein paarmal.
M. oleracea L. — Zahlreich einheimisch.
M. dentina Esp. — Ziemlich häufig.
M. trifolii Rott. == M. chenopodii Fbr. — Häufig, einheimisch.
Dianthoecia cucubali Fuessli.
Miselia oxyacanthae L.
Apamea testacea Hbn. — 1 ♀.
Hadena porphyrea Esp. == H. satura Hbn.
H. ochroleuca Esp. — Einige sehr schöne ganz frische Stücke; nur ♀.
H. exulis Lef. — 1mal.
H. furva Hbn. — 1 Expl., ♀.
H. abjecta Hbn. — Gemein.
H. lateritia Hfn.
H. monoglypha Hfn. == H. polyodon L. — Gemein.
H. sordida Bkh. — 1 ♀, stark abgeflogen.
H. basilinea Fbr. — Gemein, einheimisch.
H. unanimis Tr.
H. didyma Esp.
  var. *nictitans* Esp.
  var. *leucostigma* Esp. — Einzeln.
H. pabulatricula Brahm.
H. ophiogramma Esp. — Zweimal.
H. literosa Haw. — Ein Pärchen.
H. onychina H. S.
H. strigilis Cl. — Gemein, einheimisch.

Hadena bicoloria VILL. = H. furuncula TR. — Auf der Düne häufig.
  var. *furuncula* HBN.
  var. *rufuncula* Hw.
  var. *vinctuncula* HBN.
  var. *insulicola* STG.
Trachea atriplicis L.
Euplexia lucipara L. — Selten.
Brotolomia meticulosa L.
Mania maura L.
Naenia typica L. — Selten.
Helostropha leucostigma HBN.
  var. *fibrosa* HBN. — Mehrere Exempl.

Fam. *Leucaniidae.*
Tapinostola fulva HB. = fluxa H. SCH.
T. elynii TR. — Häufig auf der Düne.
Leucania impura HBN. — Oft.
L. pallens L.
L. obsoleta HBN.
L. littoralis CURT.
L. L-album L.

Fam. *Caradrinidae.*
Grammesia trigrammica HFN. = trilinea BKH.
Caradrina exigua HBN.
C. morpheus HFN.
C. quadripunctata FBR. = C. cubicularis BKH. — Häufig, einheimisch.
C. pulmonaris ESP.
C. alsines BRAHM.
Amphipyra tragopogonis L. — Häufig.
A. pyramidea L.

Fam. *Orthosiidae.*
Taeniocampa gothica L.
T. stabilis VIEW.
T. munda ESP.
Pachnobia rubricosa FBR. — 1 Exempl.
Mesogona acetosellae FBR.
Calymnia trapezina L. — Ziemlich häufig.
Cosmia paleacea L. = C. fulvago HBN.
Dyschorista fissipuncta Hw. = ypsilon BKH.
Plastenis retusa L. — 1 Exempl.
P. subtusa FBR.
Orthosia lota CL.
O. circellaris HFN.
O. litura L.
Xanthia flavago FBR.
X. fulvago L. — Nur 2mal.
Hoporina crocago L.

Scopelosoma satellitia L. — Früher sehr oft.
Scoliopteryx libatrix L. — Häufig, nur im Herbst.

Fam. *Xylinidae.*
Calocampa vetusta Hb.
C. exoleta L.
Astroscopus sphinx Hfn.
Dasypolia templi Thnbg. — 1 Exempl.

Fam. *Cuculliidae.*
Cucullia verbasci L.
C. scrophulariae Cap.
C. asteris Schiff.
C. umbratica L. — Häufig.
C. chamomillae Schiff.
C. artemisiae Hufn. = abrotani Fbr.
C. argentea Hufn. = artemisiae Schiff.

Fam. *Plusiidae.*
Plusia triplasia L.
Pl. moneta Fbr. — Alljährlich.
Pl. chrysitis L.
Pl. festucae L. — Selten.
Pl. gamma L. — Ueber das Vorkommen dieser Art auf Helgoland theilt
mir Herr Gätke folgenden Auszug aus seinem Tagebuche mit: „1882
August. Nacht vom 15. zum 16. Wind: S., ganz schwach, fast still.
Von 11 Uhr Abends 15. bis 3 Uhr früh 16.: Millionen *gamma* ziehend,
von Ost nach West, wie dickes Schneegestöber. — 16., 17., 18.: von
11 Uhr Abends an neben sehr starkem Vogelzug auch sehr viele
Gammen. 19. Nacht von 11 bis 3 Uhr wieder Tausende Gammen. 20.
war während der Nacht fernes Gewitter — was stets allem Zuge ein Ende
macht — und von da ab ungünstiges stürmisches Regenwetter. Solche
Züge finden stets unter denselben Witterungsbedingungen statt, wie sie
für den Zug der Vögel maassgebend sind — so habe ich wiederholt im
October noch bei starkem Lerchenzug auch Tausende von *Hybernia*
angetroffen."

Fam. *Heliothidae.*
Chariclea umbra Hfn. — Als einziger Repräsentant der Familie auf
der Insel.

Fam. *Noctuophalaenidae.*
Erastria deceptoria L. — Gleichfalls der einzige Repräsentant der Familie auf der Insel.

Fam. *Ophiusidae.*
Catocala fraxini L. — 6—8mal.
C. elocata Esp. — Einige Male.
C. nupta L. — Vereinzelt.
C. sponsa L. — Im Jahre 1872 zu Hunderten, sonst vereinzelt.
C. promissa Esp. — Vereinzelt.

Catocala pacta L. — Einmal.

Fam. *Deltoidae.*
Zanclognatha emortualis Schiff. — Sehr selten.
Herminia derivalis Hbn.
Pechipogon barbalis Cl.

Fam. *Geometridae.*
Geometra papilionaria L.
Jodis lactearia L.
Acidalia perochraria Fbr.
A. pallidata Bkh.
A. bisetata Hfn. — Einzeln.
A. humiliata Hfn. == osseata Fbr.
A. dilutaria Hbn. — Einzeln.
A. aversata L.
A. immutata L.
A. ornata Sc.
Zonosoma pendularia Cl.
Z. porata Fbr.
Z. punctaria L.
Z. linearia Hbn.
Timandra amata L.
Rhyparia melanaria L.
Abraxas grossulariata L. — Sehr häufig, und die einzige Art, welche
  Banse anführt; nach Gätke oft massenhaft und schädlich.
A. adustata Schiff.
A. marginata L.
Cabera pusaria L.
C. exanthemata Sc. — Früher häufig, jetzt verschwunden.
Ellopia prosapiaria L. — 1 Exempl.
Metrocampa margaritaria L.
Eugonia quercinaria Hfn. == angularia Bkh.
E. autumnaria Wern. == alniaria Esp.
E. alniaria L.
Poricallia syringaria L.
Himera pennaria L.
Eurymene dolabraria L.
Uropterix sambucaria L.
Rumina luteolata L. == crataegata L. — Oft zahlreich, einheimisch.
Macaria alternaria Hbn.
M. liturata Cl.
Hibernia aurantiaria Esp. — Einzeln, ziemlich zahlreich.
H. marginaria Bkh. == progemmaria Hbn.
H. defoliaria Cl. — In einzelnen Jahren zu Tausenden.
Amphidasys betularius L.
Boarmia cinctaria Schiff.
B. repandata L.
B. roboraria Schiff.
B. consortaria Fbr.

Boarmia lichenaria Hfn.
B. crepuscularia Hbn.
Fidonia fasciolaria Rott.
F. rosaria Fbr.
Ematurga atomaria L.
Bupalus piniarius L.
Halia contaminaria Hbn.
H. wawaria L. — Sehr gemein.
H. brunneata Thnbg. — Mehrmals gefangen.
Phasiane glarearea Brahm.
Ph. clathrata L.
Scoria lineata Sc. = dealbata L.
Lythria purpuraria L.
Ortholitha plumbaria Fbr.
Lithostege farinata Hfn.
Anaitis plagiata L.
Cheimatobia brumata L.
Triphosa dubitata L.
Eucosmia certata Hbn.
E. undulata L.
Lygris prunata L.
L. testata L. — 1 Exempl.
L. populata L.
L. associata Bkh.
Cidaria dotata L. = pyraliata Fbr. — Einheimisch, doch nicht alljähr-
  lich auf Ribes rubrum.
C. fulvata Forst.
C. ocellata L.
C. bicolorata Hfn.
C. variata Schiff. — Mehrmals gefangen.
  var. *obeliscata* Hbn.
C. miata L.
C. truncata Hfn. = russata Bkh. — Häufig, einheimisch auf Salix
  smithiana.
  var. *perfuscata* Hw.
C. immanata Hbn.
C. firmata K. — 1 Stück.
C. munitata Hbn.
C. viridaria Fbr.
C. fluctuata L. — Sehr gemein.
C. montanata Bkh. — Nicht selten.
C. ferrugata Cl.
C. unidenatria Haw.
C. pomoeriaria Ev.
C. designata Rott.
C. vittata Bkh.
C. dilutata Bkh.
C. riguata Hbn.

Cidaria picata Hbn.
C. rivata Hbn.
C. albicillata L. = rivulata Hbn. — 1 Stück.
C. lugubrata Stgr. — 1 aussergewöhnlich dunkles Stück.
C. alchemillata L.
C. albulata Schiff.
C. bilineata L. — Neben *C. fluctuata* die gemeinste Art der Insel, oft in Massen.
C. sordidata Fbr.
C. berberata Schiff.
C. nigrofasciaria Göze = derivata Bkh.
C. rubidata Fbr.
C. comitata L. = chenopodiata L.
Eupithecia oblongata Thbg. = centaureata Fbr. — Ziemlich häufig.
E. linariata Fbr. — Selten.
E. abietaria Göze. — Mehrere Stücke in der Sammlung.
E. debiliata Hbn.
E. rectangulata L.
E. nanata Hbn. — Mehrmals gefangen.
E. innotata Hfn.
E. graphata Tr.
E. trisignaria H. Sch. — Ein stark lädirtes Stück.
E. minutata Gn.
E. absinthiata Cl.

Fam. *Pyralididae.*
Aglossa pinguinalis L.
Asopia farinalis L.
Scoparia ambigualis Tr. — Oft gefangen.
Eurrhypara urticata L.
Botys aurata Scop.
B. sambucalis Schiff. — Sehr häufig.
B. ruralis Scop.
Nomophila noctuella Schiff. — 1 Exempl.
Pionea forficalis L.
Calamochroa acutellus Ev.
Margarodes unionalis Hbn. — Ueber das Vorkommen dieser hochinteressanten Art, die in Gätke's Sammlung mehrfach vertreten ist, schreibt mir Dr. Sorhagen: „Lebt im Süden an Olea europaea, ausserdem an Ligustrum, Jasminum, Calluna im Herbste; Falter im Frühjahr in Nassau, der einzigen bekannten Fundstelle Deutschlands, im August. Auch in England beobachtet. Mein Exemplar stammt aus Madeira." Auch Selys berichtet über das Vorkommen auf der Insel.
Hydrocampa nymphaeata L.
Paraponyx stratiolata L.
Cataclysta lemnata L.

Fam. *Chilonidae.*
Schoenobius forficellus Thunbg.

Fam. *Crambidae.*
Crambus hortuellus Hbn.
Cr. fascellinellus Hbn.
Cr. spuriellus Hbn.
Cr. culmellus L. — Häufig.
Cr. contaminellus Hbn. — Nicht selten.
Cr. tristellus Fbr.
Cr. perlellus Scop. var. *warringtonellus* Staint. — Mehrfach.

Fam. *Phycidae.*
Nephopteryx fusca Haw.
Acrobasis sodalella Zell.
Myelois· cribrum Schiff.
Homoeosoma nebulea Hbn. — Ein Exempl.
Ephestia elutella Hbn.

Fam. *Tortricidae.*
Teras holmiana L.
Tortrix xylosteana L.
T. rosana L. — Häufig.
T. corylana Fbr.
T. ribeana Hbn.
T. viridana L.
T. gnomana Cl. — Häufig.
Sciaphila osseana Scop.
Sc. wahlbomiana L.
Cochylis hamana L.
C. badiana Hbn.
C. francillana Fbr. — Nach Dr. Sorhagen „die zweite sichere Fund-
stelle in Norddeutschland".
C. roseana Haw.
Retinia buoliana Schiff. — Häufig, trotz des Kieferumangels.
Penthina striana Schiff.
P. urticana Hbn. — Mehrmals gefangen.
P. lacunana Dup. — 1 Exempl.
Grapholitha hohenwartiana Tr.
Gr. nisella Cl. — Selten.
Gr. suffusana Zell. — Selten.
Gr. brunnichiana Fröl.
Gr. citrana Hbn.
Gr. hypericana Hbn. — Häufig.
Steganoptycha incarnana Haw. — 1 Stück.
St. oppressana Tr. — 1 Stück.

Fam. *Choreutidae.*
Simaethis pariana Cl. — Selten.

Fam. *Tineidae.*
Tinea tapetzella L. — Häufig.
T. granella L. — Die bekannte Kornmade, in Getreidevorräthen schäd-

lich, aber auch an anderen todten vegetabilischen Stoffen, selbst in dem
schwarzen Moder (Zasmidium cellare) alter Weinfässer. — Selten.
Tinea pellionella L.

Fam. *Adelidae.*
Adela fibulella Fbr.

Fam. *Hyponomeutidae.*
Hyponomeuta padella L.
H. malinella Zell.
H. cognatella Hbn.
H. evonymella L.
Swammerdamia caesiella Hbn.
Argyresthia pulchella Zell.
A. goedartella L. — Mehrmals gefangen.
Cedestis gysseleniella Dup. — Einzeln.

Fam. *Plutellidae.*
Plutella xylostella L.
Cerostoma xylostella auct. == dentella Fbr.

Fam. *Gelechiidae.*
Semioscopis avellanella Hbn.
Depressaria yeatiana Fbr. — 1 Exempl.
Gelechia pinguinella Tr.
Lita marmorea Haw.
L. tristella Hein.

Fam. *Elachistidae.*
Butalis chenopodiella Hbn.
Endrosis lacteella Schiff. — Nach Dr. Sorhagen unter der Rinde vieler
Bäume, auch an anderen todten Stoffen, neuerdings von ihm zahlreich
in einem alten Wespenneste gezüchtet. In ganz Europa, aber den
Alpen fehlend, Kleinasien; auch auf St. Helena. Bei Hamburg sehr
gemein.
Elachista obscurella Stain.

Fam. *Lithocolletidae.*
Lithocolletis tenella Zell.

Fam. *Pterophoridae.*
Cnaemidophorus rhododactylus Fbr. — Fehlt nach Dr. Sorhagen bei
Hamburg; auf Helgoland — wohl an Rosenknospen lebend — mehr-
mals gefunden.
Platyptilia ochrodactyla Hbn. — Bei Hamburg häufig, auch auf der
Insel mehrmals gefangen.
Pterophorus monodactylus L. — Oft beobachtet.
Leioptilus icarodactylus Hbn. — 1 Exempl.

Fam. *Alucitidae.*
Alucita hexadactyla L.
A. hübneri Wallgr.

Ordn. Diptera, Zweiflügler.

Systematische Anordnung und Nomenclatur nach: Schiner, **Catalogus systematicus** Dipterorum Europae. Vindobonae 1864. 8⁰. 115 pg.
Literatur: Röder 68, Joseph 109.

Fam. *Tipulidae.*
Pachyrhina crocata (L.). — Einzeln und selten.

Fam. *Stratiomyidae.*
Sargus nubeculosus Zett. — Mit S. cuprarius L., doch seltener.
S. cuprarius L. — Gemein auf Gartenblumen.
Chrysomyia polita L. — 1 Stück gefangen.
Ch. formosa (Scop.). — Gemein auf Gebüsch.

Fam. *Tabanidae.*
Tabanus bovinus L. — Häufig.

Fam. *Empidae.*
Chersodromia speculifera Walck. — Am Seestrande : v. Röder.
Dolichopus griseipennis Stann. — 2 Stücke.
D. brevipennis Meig. — 1 Stück.

Fam. *Muscidae.*
Coelopa frigida Fall. — Am Seestrande: v. Röder.
C. eximia Stenh. — Am Seestrande, ziemlich häufig.
C. pilipes Hld. — Am Seestrande: v. Röder.
C. nitidula Zett. — Am Seestrande: v. Röder.
Orygma luctuosa Meig. — Von Dahlbom und v. Röder auf Helgoland gefunden.
Scatophaga lutaria Fabr. — Häufig.
Sc. stercoraria L. — Sehr häufig.
Sc. litorea Fall. — Am Seestrande: v. Röder.
Fucellia affinis Zett. — Am Seestrande nach Dahlbom.
F. fucorum Fall. — Eine häufige Strandfliege der Insel: v. Röder.
Actora aestuum Meig. — Schon von Dahlbom auf Helgoland beobachtet, wie Zetterstedt angiebt; auch von V. v. Röder, Dr. Joseph und von mir daselbst gefunden. Dr. Joseph beschreibt ihre Metamorphose. Ist die häufigste Strandfliege der Insel.
Dryomyza flaveola Fabr. — Selten.
Acidia heraclei L., die gelbe Varietät. — Auf Dolden, selten.
Sapromyza simplex Löw. — Einzeln und selten.
Ophyra leucostoma Wied. — Sehr häufig.
Hydrotaea dentipes Fabr. — Häufig.
Spilogaster urbana Meig. — Sehr häufig.
Sp. pagana Fabr. — Einzeln und selten.
Aricia striolata Fall. — Leg. Dahlbom: Zetterstedt Bd. XIV, p. 6242 n. 157.
Cyrtoneura stabulans Fall. — Sehr häufig.
Lucilia latifrons Schin. — Ziemlich häufig.
L. sylvarum Meig. — Ziemlich häufig.

Calliphora erythrocephala Meig. — Gemein.
C. groenlandica Zett. — 1 Stück.
Cynomyia mortuorum L. — Sehr gemein.
Sarcophaga carnaria L. — Gemein.
Thelaira leucozona Panz. — Ziemlich häufig.

Fam. *Syrphidae.*
Syrphus corollae Fabr. — Sehr gemein.
S. balteatus Deg. — Sehr gemein.
S. ribesii Meig. — Sehr gemein.
Platycheirus albimanus Fabr. — Ziemlich häufig.
Pl. scutatus Meig. — Selten.
Sericomyia borealis Fall. — Einzeln und selten.
Helophilus pendulus L. — Häufig auf Gartenblumen.
Syritta pipiens L. — Sehr gemein auf Gartenblumen.
Chrysotoxum intermedium Meig. — Einzeln und selten.

Ordn. Orthoptera, Geradflügler.
A) Orthoptera genuina.
Fam. *Forficulidae.*
Forficula auricularia L. — Nicht selten.

Fam. *Acridiidae.*
Stenobothrus viridulus L. und
Tettix bipunctatus L. — Auf dem Oberlande beobachtet.

B) Pseudoneuroptera.
Fam. *Libellulidae.*
Literatur: Selys-Longchamps 111, Anonym 112.
Libellula quadrimaculata L.
L. depressa L.
L. cancellata L.
L. rubicunda L.
L. pectoralis Charp.
L. caudalis Charp.
L. flaveola L.
L. vulgata L. — Selys 106.
L. sanguinea Müll.
L. scotica Don. = C. nigra Charp. — Selys 106.
Cordulia aenea L.
C. metallica Vand. = C. aenea Pnz.
Aeschna cyanea Müll. = A. grandis Pnz.
A. juncea L.
A. grandis L.
Gomphus vulgatissimus L.
Lestes sponsa Hans.
Agrion cyathigerum Charp.
A. elegans v. d. Lind.
A. pulchellum v. d. Lind.
A. puella L. und

A. hastulatum CHARP. — In GÄTKE's Sammlung, oder von mir beobachtet; doch gewiss ist die Artenzahl der Gruppe hiermit noch nicht erschöpft; viele erscheinen auf dem Zuge, und GÄTKE bezeichnet die Erforschung dieser als ein höchst interessantes Feld! — Auch andere Familien sind gewiss vertreten, doch fehlt es gänzlich an Material.

Ordn. Hemiptera, Halbflügler.

Literatur: BÄNSE 11.

Wegen gänzlichen Mangels an Material sei hier nur des Vorkommens von *Phytocoris viridis* auct. BÄNSE, *Corisa limitata* FIEB. und *Aphrophora spumaria* L. — Coll. GÄTKE erwähnt; mehr sah ich nicht, obwohl gewiss auch von dieser Ordnung noch mehrere Arten vorkommen.

Aus der Ordn. **Neuroptera**, Netzflügler, sah ich keine Art, zweifle aber nicht, dass namentlich um die Saapskulen Phryganeiden zu finden sein werden.

Ordn. Thysanura, Borstenschwänze.

Literatur: REHBERG 108.

Ich sah *Lepisma saccharina* L. in einem Hause unter einer Glastafel eines Bildes und fing *Podura plumbea* L. unter feuchtem Holze auf der Düne; REHBERG fing *Achorutes murorum* BOURL. auf dem Mauerwerk des Brunnens an der Treppe.

Cl. Myriapoda, Tausendfüsser.

Ich sah bloss zwei Arten — und nach Herrn GÄTKE kommen auch bloss diese beiden Formen vor, nämlich:
Scolioplanes crassipes C. KOCH in Gartenerde und
Lithobius forficatus L. etwas häufiger.

Die **Cl. Arachnoidea**, Spinnenthiere, wurde bisher gar keiner Beachtung unterzogen; es fehlt somit gänzlich an Material.

Cl. Pantopoda, Asselspinnen.

Nymphon ? pictum auct.? — Wie folgende Arten im August und September 1873; die Geschlechtsangaben sind zweifelhaft; SEMPER [1]).
N. spec. ind. — SEMPER.
Pallene brevirostris JOHNST. — SEMPER.
Phoxochilidium femoratum RATHKE = Ph. coccineum JOHNST. — LEUCKART; 1 ♂ SEMPER.
Ph. mutilatum LEUCK. — LEUCKART: auf Laminarien; Larven in Hydractinia echinata. — SEMPER.
Ammothea brevipes HODGE. — 4 ♀: SEMPER.
Pycnogonum littorale C. F. MÜLL. — LEUCKART.

---

1) SEMPER C., Ueber Pycnogoniden und ihre in Hydroiden schmarotzenden Larvenformen in: Arbeit a d. Zool. Zoot. Institut in Würzburg, Bd. 1, 1874, p. 264—286.

Cl. Crustacea, Krebsthiere.

Literatur: HOFFMANN 3, BURMEISTER 5, PHILIPPI 9, KÖLLIKER 10, LEUCKART 19 u. 20, ÖTKER 32, LEUCKART 44, HALLIER 51, CLAUS 52 u. 53, DOHRN 58, METZGER 65 u. 76, MÖBIUS 79, FRIES 103, REHBERG 108, POPPE 117 u. 127.

Ordn. Podophthalmata, Stieläugige.

Fam. *Pinnotheridae.*
Pinnotheres pisum PENN. = P. veterum auct. — Zwischen *Mytilus-*, *Ostrea-* und *Modiola*-Schalen, häufig.

Fam. *Cancridae.*
Cancer pagurus L. — Ausserordentlich häufig: HOFFMANN, LEUCKART.
Perimela denticulata MONT. — Im Hafen bei 0—6 Faden Tiefe zwischen Steinen und Algen: METZGER.

Fam. *Eriphidae.*
Pilumnus hirtellus (PENN.). — LEUCKART; in Hummerkästen zwischen 0 und 1 Faden Tiefe zwischen Algen: METZGER.

Fam. *Portunidae.*
Portunus lividus LEACH, „Sandkrabbe". — Hält sich häufig am Strande der Düne auf, im Juni mit Eiern: HOFFMANN, KÖLLIKER, LEUCKART.
Carcinus maenas (L.). — Die blassgelblich-grüne Abart; der gemeinste Krebs der Gegend: HOFFMANN, LEUCKART.

Fam. *Majidae.*
Maja bufo L. = M. squinado LATR. — Sehr häufig um die felsige Küste, stets mit einer Kruste von Schlamm, kleinen Flustren und Sertularien überzogen: HOFFMANN.
Hyas aranea (L.). — LEUCKART; im Hafen bei 0—6 Faden Tiefe zwischen Steinen und Algen: METZGER.
Stenorhynchus rostratus L. = St. phalangium LATR. — KÖLLIKER, LEUCKART; im Hafen zwischen 0 und 6 Faden Tiefe zwischen Steinen und Algen: METZGER.

Fam. *Porcellanidae.*
Porcellana longicornis (L.). — Im Westen der Insel bei 20 Faden Tiefe im Sand mit wenig Schlick: METZGER.

Fam. *Paguridae.*
Pagurus bernhardus L. — Sehr gemein, besonders in den Schalen des *Buccinum undatum:* HOFFMANN, LEUCKART.

Fam. *Thalassinidae.*
Gebia deltura LEACH. — Im Westen der Insel bei 20 Faden Tiefe in Sand mit wenig Schlick: METZGER.

Fam. *Galatheidae.*
Galathea strigosa (L.). — LEUCKART.

Galathea squamifera LEACH. — Bei 5—20 Faden Tiefe in steinigem Grunde: METZGER.

G. intermedia LILLJ. — Im Westen und Nordwesten bei 10—14 $1/2$ Faden Tiefe auf sandigem Schlick und Sand mit wenig Schlick; im Hafen bei 5 — 6 Faden Tiefe zwischen Steinen und Algen, im Süden bei 29 und 17 $1/2$ Faden Tiefe auf sandigem Schlick mit und ohne Muschelschalen: METZGER.

Fam. *Astacidae.*

Homarus marinus FABR. == H. vulgaris M. EDW. — Im Ueberfluss: HOFFMANN, LEUCKART; zwischen 10 und 20 Faden Tiefe an felsigen Stellen: METZGER. Ueber den Fang vergl. ÖTKER u. HALLIER; jährlich werden zwischen 20 — 30000 Stück gefangen und à 1 M. 50 Pfg. verkauft.

Fam. *Carididae.*

Crangon vulgaris L. — LEUCKART; an allen Nordseeküsten: METZGER.

Cr. trispinosus (HAILST.). — Im Süden der Insel bei 10 Faden Tiefe in feinem Sand mit wenig Schlick und kleinen Muscheln: METZGER.

Hippolyte costata LEUCK. — und

H. vittata RTHK. — Nach LEUCKART bei Helgoland.

Virbius fasciger GOSSE. — Im Hafen bei 0—6 Faden Tiefe zwischen Steinen und Algen, im Süden und Südwest der Insel bei 17 $1/2$ Faden Tiefe in sandigem Schlick: METZGER.

V. varians LEACH. — Im Nordhafen bei 0—4 Faden Tiefe zwischen Steinen und Algen: METZGER.

Caridion gordoni BATE. — Im Westnordwest bei 19 $1/2$ Faden Tiefe auf sandigem Schlick: METZGER.

Pandalus annulicornis LEACH. — Im Nordhafen bei 5—6 Faden Tiefe zwischen Steinen und Algen: METZGER.

Fam. *Mysidae.*

Mysis flexuosa (MÜLL.). — LEUCKART; Nordhafen bei 2—4 Faden Tiefe zwischen Steinen und Algen: METZGER.

M. inermis RATHKE. — LEUCKART; in 5—6 Faden Tiefe zwischen Steinen und Algen: METZGER.

M. ornata O. SARS. — Im Südwest der Insel bei 17 $1/2$ Faden Tiefe in sandigem Schlick: METZGER.

Ordn. Cumacea.

Fam. *Diastylidae.*

Diastylis rathkei KRÖY. — In der Tiefe zwischen Helgoland und Spiekeroog: METZGER.

Ordn. Isopoda.

Fam. *Oniscidae.*

Ligia oceanica (L.). — Sehr häufig um Cuxhafen, scheint um Helgoland zu fehlen: LEUCKART; dagegen

L. granulata LEUCK. — Bei Helgoland — ob von *L. oceanica* verschieden?

Oniscus asellus L. = O. murarius Cuv. — Auf dem Fels beim Brunnen an der Treppe: Rehberg.

Fam. *Asellidae.*

Munna kröyeri Gosse. — Leuckart.

Ianira maculosa Leach. — Kölliker, Leuckart; im Westen der Insel bei 19¹/₂ Faden Tiefe in sandigem Schlick auf *Alcyonium digitatum*: Metzger.

Fam. *Idotheidae.*

Idothea linearis Penn. — Leuckart; im Hafen der Insel bei 0—4 Faden Tiefe an Steinen und Algen: Metzger.

I. emarginata Fabr. — In der Nähe von Helgoland an Laminarien aus 8—10 Faden Tiefe und zwischen 0—4 Faden Tiefe an Algen: Metzger.

I. pelagica Leach. — Leuckart; bei 0—4 Faden Tiefe zwischen Steinen und Algen: Metzger.

I. tricuspidata Desm. — Leuckart; im Südsüdosten der Insel in 17 Faden Tiefe im sandigen Schlick mit Muschelschalen: Metzger.

Fam. *Sphaeromidae.*

Sphaeroma marginata M. Edw. — Von Leydig sehr häufig um Cuxhaven angetroffen — fand ich in Balaninengehäusen auf Helgoland.

Fam. *Anceidae.*

Anceus maxillaris (Mont.) = Praniza coerulata (Mont.). — Leuckart.

Ordn. Amphipoda, Flohkrebse.

Fam. *Hyperidae.*

Hyperia medusarum (Müll.). — In Medusen schmarotzend: Leuckart.

Fam. *Corophiidae.*

Corophium longicorne (Fabr.). — Nach Leuckart sehr häufig um Cuxhaven, scheint bei Helgoland zu fehlen.

Podocerus falcatus Mont. — Nordhafen in 0 – 4 Faden Tiefe auf steinigem Grund: Metzger.

P. capillatus Rathke und

P. calcaratus Rathke. — Leuckart.

Amphithoë podoceroides Rathke. — Leuckart; Nordhafen in 0—4 Faden Tiefe, auf steinigem Grund: Metzger.

A. gibba Leuck. — Es ist undeutbar.

Fam. *Orchestiidae.*

Talitrus locusta (Latr.) = T. saltator Mont. — Leuckart, an allen Nordseeküsten massenhaft: Metzger.

Orchestia littorea Mont. — Leuckart; an allen Nordseeküsen massenhaft: Metzger.

Hyale nilsonii Rathke. — Einige Exemplare zwischen Helgoland und Spiekeroog; bei 12 Faden Tiefe zwischen Steinen und Algen bei Helgoland: Metzger.

Fam. *Gammaridae.*

Lepidecreum carinatum Bate u. Westw. — Im Südwesten der Insel in 17¹/₂ Faden Tiefe in sandigem Schlick: Metzger.

Bathyporeia pilosa Lindstr. — Im Norden bei 12¹/₂—19¹/₂ Faden Tiefe in feinem, grauem Sand: Metzger.

Iphimedia obesa Rathke. — Kölliker, Leuckart; im Nordwesten bei 19¹/₂ Faden Tiefe in sandigem Schlick, im Norden bei 12 Faden Tiefe in feinem, grauem Sand: Metzger.

Dexamine spinosa Mont. — Bei 0—4 Faden Tiefe zwischen Algen und Campanularien an Hummerkästen: Metzger.

Atylus vedlomensis Bate u. Westw. — Zwischen Helgoland und Spiekeroog gedredscht in schlickigem Grund bei 22 Faden Tiefe: Metzger.

A. falcatus Metzg. — Vier eiertragende Weibchen in der Tiefe von 22 Faden zwischen Helgoland und Spiekeroog an Sertularien gefunden: Metzger.

A. swammerdami M. Edw. — In feinem, grauem Sand bei 12 Faden Tiefe im Norden der Insel: Metzger.

Calliopius laeviusculus Kröy. — An Felsen und Steinen mit Algen in 2—4 Faden Tiefe: Metzger.

Gammarus locusta L. — Leuckart; in 0—1 Faden Tiefe: Metzger.

G. sabinii Leach. — Leuckart.

G. elongata Leuck. — Ist undeutbar (= ? *Möra longimana?*); Metzger.

Niphargus puteanus Koch. — Im September 1877 von Fries aus 2 Brunnen der Insel geschöpft.

Melita palmata (Mont.). — Leuckart, Metzger.

Amathilla angulosa Rathke. — Leuckart; 1 Exempl. zwischen Helgoland und Spiekeroog; auch in 0—1 Faden Tiefe zwischen Algen der Hummerkästen: Metzger.

Ampelisca laevigata Lillj. — In 5—6 Faden Tiefe in schlickigem Sand und sandigem Schlick: Metzger.

Microdeutopus anomalus Rathke. — Bei 12¹/₂ Faden Tiefe in feinem, grauem Sand: Metzger.

Noema excavata Bate. — Im Westen der Insel bei 8—20 Faden Tiefe in sandigem Schlick: Metzger.

N. rima palmata Bate u. Westw. — Im Westen der Insel bei 19 Faden Tiefe auf *Alcyonium digitatum*: Metzger.

Fam. *Caprellidae.*

Proto ventricosa O. F. Müll. — In 0—4 Faden Tiefe auf steinigem Grund: Metzger.

Caprella linearis (L.). — Leuckart, Dohrn.

Podalirius typicus Kr. — Leuckart.

Ordn. Cirripedia, Rankenfüsser.

Fam. *Lepadidae.*

Lepas anatifera L. = Anatifera laevis Brug. — Philippi.

Fam. *Verrucidae.*

Verruca strömii (O. F. Müll.). — Kölliker, Leuckart.

Fam. *Chthamalidae.*
Chthamalus germanus Leuck. und
Ch. philippii Leuck. — Leuckart.

Fam. *Balanidae.*
Balanus sulcatus Lam. — Nicht häufig: Hoffmann, Philippi, Leuckart.
B. ovularis Lam. — Ausserordentlich häufig; er bildet fast durchgängig
   einen oft mehrere Zoll breiten Ring um den Felsen, der zur Ebbezeit
   vom Wasser entblösst wird: Hoffmann, Philippi, Leuckart.
Creusia verruca Ranz. — Philippi.

Fam. *Peltogastridae.*
Peltogaster paguri Rthk. — Leuckart.
Sacculina inflata Lck. — Leuckart.

Ordn. Copepoda, Ruderfüsser.

Systematische Anordnung und Nomenclatur nach C. Claus: Die freilebenden Copepoden etc., Leipzig 1863. 4^0.

Fam. *Cyclopidae.*
Cyclops helgolandicus Rhbg. — Von Rehberg im Brunnen bei der Treppe
   entdeckt.
Oithona helgolandica Cls. — Claus.

Fam. *Harpactidae.*
Euterpe gracilis Cls. — Claus.
Longipedia coronata Cls. — Claus.
Amymone sphaérica Cls. — Claus.
A. longimana Cls. — Claus.
Tispe furcata Baird. — Claus.
Westwoodia nobilis Baird. — In Algen am Nordkap, mit
W. minuta Cls.
Cleta serrata Cls. — Claus.
Dactylopus strömii Baird. — Claus.
D. porrectus Cls. — In 2—3 Faden Tiefe, mässig häufig: Möbius.
D. minutus Cls. — Claus.
D. longirostris Cls. — Claus.
Thalestris longimana Cls. — Claus.
Th. helgolandica Cls. — Claus.
Th. harpactoides Cls. — Claus.
Harpacticus chelifer (O. F. Müll.). — Claus, Poppe.

Fam. *Peltididae.*
Alteuthea bopyroides Cls. — Claus.
Zaus spinosus Cls. — Claus, Poppe.
Z. ovalis Goods. — Claus, Poppe.

Fam. *Calanidae.*
Cetochilus helgolandicus Cls. — Claus.
Calanus parvus Cls. — Claus.
Dias longiremis Lillj. — In 1—2 Faden Tiefe, selten: Möbius.

Halitemora finmarchica GUNN. — 1 Stück gefangen.

Centropagus typicus KRÖY. = Ichthyophorba denticornis CL. — CLAUS; in 1—2 Faden Tiefe, mässig häufig: MÖBIUS.

C. hamatus LILLJ. = Ichth. angustata CL. — CLAUS; in 0—3 Faden Tiefe, selten: MÖBIUS.

Fam. *Pontellidae.*

Anomalocera patersonii TEMPL. — CLAUS.

Pontella helgolandica CL. — CLAUS.

P. eugeniae LCK. — LEUCKART.

Fam. *Notodelphidae.*

Notodelphys agilis THOR. — Im Westen in *Ascidia virginea* in 19 Faden Tiefe auf sandigem Schlick mit Schalen: MÖBIUS.

Fam. *Corycaeidae.*

Corycaeus germanus LCK. — In 1—2 Faden Tiefe, selten: MÖBIUS.

Monstrella helgolandica CL. = M. danae CLAP. — CLAUS.

Fam. *Bomolochidae.*

Bomolochus belones BURM. = B. soleae CLS. — BURMEISLER, LEUCKART, CLAUS. — Auf *Solea vulgaris* und *Esox belone.*

Fam. *Caligidae.*

Caligus pectoralis (O. F. MÜLL.). — LEUCKART, CLAUS.

C. branchialis MALM. — CLAUS.

C. leptochilus LEUCK. — LEUCKART.

C. curtus (O. F. MÜLL.). — LEUCKART.

C. scombri BURM. — BURMEISTER, LEUCKART — auf *Scomber scomber.*

Pandarus bicolor LEACH. — LEUCKART.

P. lividus LEUCK. — LEUCKART.

P. cranchii LEACH = P. carchariae LEACH. — BURMEISTER, LEUCKART.

Dinematura gracilis BURM. — Auf *Squalius acanthias*: BURMEISTER, LEUCKART.

Fam. *Lernaeidae.*

Lernaea branchialis L. — LEUCKART; sehr häufig an den Kiemen der Flundern und Dorsche.

Fam. *Lernaeopodidae.*

Anchorella uncinata (O. F. MÜLL.). — LEUCKART.

Ordn. Ostracoda, Muschelkrebse.

Fam. *Cypridae.*

Cypris ornata MÜLL. — POPPE.

Ordn. Phyllopoda, Blattfüsser.

Fam. *Daphnidae.*

Daphnia pulex DEE.

Fam. *Lyncaeidae.*

Pleuroxus puteanus RHBG. — Von REHBERG in einem Brunnen auf Helgoland entdeckt.

Fam. *Polyphemidae.*
Podon intermedius LILLJ. — POPPE.
P. polyphemoides (LEUCK.). — LEUCKART.

Typus Vermes, Würmer.

Literatur: RATHKE 2, HOFFMANN 3, EHRENBERG 4 u. 8, MÜLLER 13 u. 14, WILMS 15, LEUCKART 19, 20 u. 24, BUSCH 21 u. 22, WAGENER 23, METTENIUS 30, ÖTKER 32, MÜLLER 35 u. 36, LEUCKART u. PAGENSTECHER 40, SCHNEIDER 50, HALLIER 51, MECZNIKOFF 55—57, METZGER 65, MÖBIUS 78, GREEFF 96, v. GRAFF 115.

Cl. Annelida, Ringelwürmer.

Ordn. Polychaeta.

Fam. *Aphroditidae.*
Aphrodite aculeata L. — Sehr häufig im offenen Meer: HOFFMANN, LEUCKART, METTENIUS; in sandigem Schlick mit Muscheln im Süden der Insel in 29 Faden Tiefe, selten: MÖBIUS.
Polynoë cirrata SAV. — LEUCKART.
Lepidonotus clava JONST. = Polynoë squamata PALL. — LEUCKART.
Sthenelais idunae RATHKE. — Im Süden bei 17$^1/_2$ und 21 Faden Tiefe in schlickigem Sand mit Muschelschalen selten, im Nordwesten bei 20 Faden Tiefe in sandigem Schlick mit Muschelschalen selten, im Norden bei 12 Faden Tiefe in feinem, grauem Sand mit Muschelstückchen häufig: MÖBIUS.
Pholoë minuta FABR. — Zwischen Helgoland und Spiekeroog gedredscht: METZGER.

Fam. *Nereidae.*
Nereis pelagica L. — Häufig im Sande an den Ufern der Düne und des Vorlandes: HOFFMANN, LEUCKART.
N. succinea LEUCK. — LEUCKART.
N. depressa LEUCK. — LEUCKART.
N. quadricornis HOFFM. — HOFFMANN; sind wohl undeutbar.

Fam. *Nephthyidae.*
Nephthys ciliata (O. F. MÜLL.) = N. coeca FABR. — Im Norden bei 12 Faden Tiefe in feinem, grauem Sand mit Muschelstückchen häufig, im Süden in sandigem Schlick in 17$^1/_2$ Faden Tiefe mässig häufig: MÖBIUS.

Fam. *Glyceridae.*
Glycera alba (O. F. MÜLL.). — Von MECZNIKOFF aufgefunden.
Goniada maculata ÖRST. — Im Süden in 29 Faden Tiefe in sandigem, blaugrauem Schlick mit vielen Muschelschalen, selten: MÖBIUS.

Fam. *Syllidae.*
Syllis cirrigera (VIV.). — EHRENBERG, LEUCKART.

Syllis armillaris (O. F. Müll.). — Die häufigste *Syllis*-Art; schon von Leuckart, dann wieder von Mecznikoff beobachtet.

S. ciliata Mecz. — Wurde vom Autor bei Helgoland entdeckt.

Exogone naidina Örst. — Im Juli von Mecznikoff in einigen Exemplaren gefangen.

Autolytus prolifer (O. F. Müll.) = Sacconereis helgolandica J. Müll. — J. Müller, Leuckart; in 0—1 Faden Tiefe auf steinigem Grund und an der Oberfläche häufig: Möbius.

Nerilla antennata Mecznikoff.

Fam. *Hesionidae.*
Microphthalmus sczelkowii Mecz. — Vom Autor bei Helgoland gefangen, doch nicht häufig.

Fam. *Phyllodocidae.*
Phyllodoce muscosa Örst. — Mecznikoff.

Eulalia viridis Örst. — Leuckart; in 4 Faden Tiefe an Steinen mit Algen mässig häufig: Möbius.

Fam. *Tomopteridae.*
Tomopteris helgolandica Greeff = T. onisciformis auct. non Eschsch. = T. quadricornis Paest. = Briareus scolopendra Quoy u. Gaim. — Leuckart, Busch, Pagenstecher; in 0—3 Faden Tiefe mässig häufig: Möbius.

Fam. *Capitellidae.*
Capitella capitata (Fabr.). — Leuckart.

Fam. *Opheliidae.*
Ophelia aulogaster (Rathke). — Auf dem schlammigen Austerngrunde in 20—23 Faden Tiefe zwischen Spiekeroog und Helgoland und im Süden der Insel in 21 und 29 Faden Tiefe auf sandig-blaugrauem Schlick mit Muschelbrocken, mässig häufig; auch auf sandigem Schlick in 17$\frac{1}{2}$ Faden Tiefe: Möbius.

Ammotrypane limacina Rathke. — Leuckart; im Norden der Insel in 12 Faden Tiefe auf feinem, grauem Sand mit Muschelstückchen, selten: Möbius.

Fam. *Arenicolidae.*
Arenicola marina (L.) = A. piscatorum Lam. = Lumbricus squamatus Rthke, „Sandwürmer". — Sehr häufig im Sande der Düne und des Vorlandes, oft von enormer Länge: Rathke, Hoffmann, Leuckart.

Fam. *Ammocharidae.*
Ammochares assimilis Sars. — Im Südsüdwesten in 17$\frac{1}{2}$ Faden Tiefe in sandigem Schlick, selten: Möbius.

Fam. *Spionidae.*
Spio crenaticornis Mont. = Aonis wagneri Leuck. — Die häufigste Annelide der Insel; schon von Leuckart und Mecznikoff aufgefunden.

Aonis squamata (O. F. Müll.). — Leuckart; ist mir unbekannt.

Polydora ciliata (Johnst.). — In engen Kanälen, die in Kalk und Sandstein gebohrt werden: Leuckart, Mecznikoff.

Fam. *Chaetopteridae.*
Chaetopterus norvegicus Sars. — J. Müller.

Fam. *Ariciidae.*
Ephesia gracilis Rathke. — Leuckart.
Sphaerodorum flavum Clp. — Ungefähr bei 20 Fuss Tiefe bei Helgoland: Mecznikoff.

Fam. *Chloraemidae.*
Stylarioides plumosum (O. F. Müll.). — Mecznikoff.
Trophonia glauca Mlmgr. — Im Süden der Insel in 17$^1/_2$ Faden Tiefe auf sandigem Schlick, selten: Möbius.

Fam. *Hermellidae.*
Sabellaria spinulosa Lkt. — Leuckart.
S. ostearia (Cuv.). — Leuckart; ist wohl vorhergehende Art.

Fam. *Amphictenidae.*
Pectinaria auricoma (O. F. Müll.). — Selten: Hoffmann, Leuckart.
Lagis belgica (Pall.). — Im Süden der Insel auf sandigem Schlick bei 17$^1/_2$ Faden Tiefe, selten: Möbius.

Fam. *Terebellidae.*
Lanice conchilega (Pall.). — Im Norden der Insel viele Röhren ohne Würmer in 12 Faden Tiefe in feinem, grauem Sand mit Muschelstückchen: Möbius.
Polymnia nebulosa (Mont.). — Mecznikoff.
Terebella madida Lck. — Leuckart.
T. gelatinosa Kfst. — Mecznikoff.
Thelepus circinnatus (Fbr.). — Im Süden der Insel in 29 Faden Tiefe auf sandigem, blaugrauem Schlick mit Muschelbrocken, mässig häufig, selten auf schlickigem Sand mit Muschelbrocken in 21 Faden Tiefe: Möbius.
Ampharete grubei Mlgr. — Im Süden der Insel auf sandigem Schlick in 10 Faden Tiefe, selten: Möbius.
Amphicteis gunneri Sars. — Im Süden der Insel bei 29 Faden Tiefe auf sandigem, blauem Schlick mit vielen Muschelbrocken mässig häufig: Möbius.

Fam. *Serpulidae.*
Amphicora fabricia O. F. Müll. = A. sabella (Ehrbg.) = Fabricia quadripunctata Lck. = F. affinis. Lck. — Leuckart; um Helgoland auf den Strandklippen bei 0,2 Faden Tiefe mit ihren Röhren dichte Ueberzüge bildend, welche bei Ebbe trocken laufen. An und zwischen denselben hängen die rothen Schlicktheilchen der zerriebenen Klippen so fest, dass sie die stärkste Brandung nicht von denselben wegwischt: Möbius.
Hydroides norvegica Gunn. — Im Süden der Insel in schlickigem Sand mit Muscheln in 21 Faden Tiefe, selten: Möbius.
Vermilia triquetra (L.). — Häufig auf Muschelschalen, losen Steinen

u. s. w., welche sie in mannigfaltigen Schlangenwindungen sich kreuzend überzieht: HOFFMANN, LEUCKART.

Spirorbis nautiloides LAM. == Serpula spirorbis L. — In grosser Menge besonders auf den Blättern des Fucus serratus: HOFFMANN, LEUCKART.

Fam. *Saccocirridae.*

Polygordius lacteus A. SCHN. — An der Westseite der Insel nach aussen von den steilen Abhängen der Klippen: SCHNEIDER [1]); seither oft gefunden.

Ordn. Oligochaeta.

Fam. *Enchytraeidae.*

Enchytraeus spiculus LCKT. — LEUCKART.

Fam. *Tubificidae.*

Tubifex neurosoma (LCKT.). — LEUCKART.

Cl. Hirudinea, Blutegel.

Fam. *Rhynchobdellidae.*

Piscicola geometra (L.) == P. piscium O. F. MÜLL. — LEUCKART.

Cl. Gephyrea, Sternwürmer.

Fam. *Echiuridae.*

Echiurus vulgaris SAV. — Ganz junge mit dem Rüssel ca. 8 mm messende Exemplare fanden sich in dem weichen Schlick aus der Tiefe zwischen Helgoland und Spiekeroog: METZGER.

Fam. *Phoronididae.*

Phoronis norvegica J. MÜLL. — Mit *Actinotrocha*-Larve: J. MÜLLER.

Cl. Nemathelminthes, Fadenwürmer.

Ordn. Nematodes, Nematoden.

Fam. *Anguillulidae.*

Anguillula marina (O.˙F. MÜLL.). — LEUCKART.

Fam. *Desmoscolecidae.*

Desmoscolex minutus CLAP. — MECZNIKOFF.

Fam. *Ascaridae.*

Ascaris anguillae RTHK. == A. labiata RUD. — In *Muraena anguilla*: RATHKE.

Cl. Chaetognathi.

Fam. *Sagittidae.*

Sagitta bipunctata QUOY u. GAIM. == S. setosa J. MÜLL. == S. germanica LCKT. u. PEST. — Diese schon von WILMS, dann von LEUCKART u. FREY, J. MÜLLER und LEUCKART u. PAGENSTECHER aufgeführte Art ist um Helgoland sehr häufig; sie lebt pelagisch. — Nach MÖBIUS in 0—3 Faden Tiefe mässig häufig.

---

1) (62b) SCHNEIDER, A., Ueber Bau und Entwicklung von Polygordius, in: MÜLLER's Archiv f. Anat. und Physiol. 1868, p. 51—60; Taf. II u. III A.

Cl. Nematorhyncha, Rüsselwürmer.

Fam. *Echinoderidae.*
Echinoderes dujardinii Clp. — Mecznikoff.

Cl. Plathelminthes, Plattwürmer.

Ordn. Nemertini, Schnurwürmer.

Fam. *Tetrastemmidae.*
Tetrastemma candidum Örst. = Polia quadrioculata Johnst. — Leuckart.
T. dorsale (O. F. Müll.) = T. fuscum Örst. — Leuckart; häufig mit rothen Algen in 2—4 Faden Tiefe mit sandigem Grund: Möbius.
T. rufescens Örst. — Selten in 2—4 Faden Tiefe auf steinigem Grund: Möbius.
Polia filaris O. F. Müll. — Leuckart.

Fam. *Nemertidae.*
Borlasia flaccida O. F. Müll. — Leuckart.
B. rufa Rthke. — Leuckart.
B. rubra Lckt. u. Pagst. — Leuckart u. Pagenstecher.

Fam. *Malacobdellidae.*
Malacobdella grossa O. F. Müll. — Im Westwestnord in 20 Faden Tiefe in *Cyprina islandica*, selten: Möbius.

Ordn. Turbellaria, Strudelwürmer.

Fam. *Leptoplanidae.*
Leptoplana atomata O. F. Müll. — Leuckart.

Fam. *Monotidae.*
Monotus lineatus (O. F. Müll.). — Leuckart, Mecznikoff.
M. fuscus (Örst.). — v. Graff.

Fam. *Plagiostomidae.*
Plagiostoma dioicum Mecz. — Mecznikoff; überall unter Fucus, Laminarien und Ulva, unmittelbar unter der Ebbegrenze: v. Graff.
P. vittatum (Lckt.). — Leuckart.
Cylindrostoma vittatum (Lckt.). — Leuckart.

Fam. *Proboscidae.*
Macrorhynchus helgolandicus (Meczn.). — Mecznikoff, v. Graff.

Fam. *Aphanostomidae.*
Convoluta paradoxa Örst. = Planaria convoluta Rthk. — Leuckart.
Alaurina composita Mecz. — Vom Autor bei Helgoland entdeckt.
Proxenetes flabellifer Jens. — Mit Steinen aus Helgoland im Frankfurter Aquarium: v. Graff.
Pr. cochlear v. Graff var. *uncinatus* v. Graff. — Ebenso: v. Graff.
Pr. tuberculatus v. Graff. — v. Graff.
Acrorhynchus caledonicus (Clap.). — Mecznikoff, v. Graff.

Ordn. Trematodes, Saugwürmer.

Fam. *Tristomidae.*
Amphibothrium kröyeri Lckt. — Leuckart. — Auf *Caligus curtus*.

Fam. *Distomidae.*
Distoma anguillae Rathke. — In *Muraena anguilla*: Rathke.

Ordn. Cestodes, Bandwürmer.

Fam. *Echinobothriidae.*
Echinobothrium typus Ben. — In *Raja clavata* etc.: Pagenstecher.
Fam. *Taeniidae.*
Taenia tadornae Rathke. — In *Anas tadorna*: Rathke.

Typus Echinodermata, Stachelhäuter.

Literatur: Hoffmann 3, Ehrenberg 6, Leuckart 19 u. 20, Schultze 26, Ötker 32, Metzger 65, Möbius u. Bütschli 79.

Cl. Echinoidea, Seeigel.

Fam. *Echinidae.*
Echinus miliaris Lsk. — Im Helgoländer Tief bei $19^1|_2$ Faden Tiefe in sandigem Schlick: Möbius u. Bütschli.
E. esculentus L. == E. sphaera Müll. „Seappeler". — Sehr häufig, doch meist im offenen Meer: Hoffmann, Leuckart.

Fam. *Echinometridae.*
Strongylocentrotus lividus (Lam.) == Echinus saxatilis Müll. — Leuckart.

Fam. *Clypeastridae.*
Echinocyamus pusillus (Müll.). — Sparsam: Leuckart; an der Südseite in 21—29 Faden Tiefe in sandigem, grünem Schlick mit vielen zerbrochenen Muschelschalen, selten desgleichen in sandigem Schlick im Südsüdwest in $17^1|_2$ Faden Tiefe; mässig häufig in $10^1|_2$ Faden Tiefe in feinem, grauem Sand mit einzelnen Muschelschalen: Möbius und Bütschli.

Fam. *Spatangidae.*
Spatangus purpureus Lsk. — Selten: Hoffmann, Leuckart; im Frühjahre auf der Düne zu Hunderten in der Erde vergraben.
Echinocardium cordatum (Penn.). — Im Helgoländer Tief bei $19^1|_2$ Faden Tiefe häufig in Südsüdwest, bei $17^1|_2$ Faden Tiefe mässig häufig, stets in sandigem Schlick: Möbius u. Bütschli.

Cl. Ophiuroidea, Schlangensterne.

Ophioglypha lacertosa (Penn.) == Ophiolepis ciliata M. u. Tr. „Compassstern". — Selten: Hoffmann, Leuckart, Müller.
O. albida (Forb.). — Im Helgoländer Tief auf sandigem Schlick mässig häufig in $19^1|_2$ Faden Tiefe; im Süden der Insel in $17^1|_2$ Faden Tiefe auf sandigem Schlick häufig; im Südosten auf blauem Schlick mit etwas

Sand häufig, in 13 Faden Tiefe, im Nordnordwesten in $10^1|_2$ Faden Tiefe in feinem, grauem Sand selten: Möbius u. Bütschli.

Ophioglypha texturata (Forb.). — Im Westwestnorden der Insel bei 20 Faden Tiefe selten, im Südsüdosten bei 13 Faden Tiefe im blauen Schlick mit etwas Sand häufig; im Nordnordwesten in 9—$10^1|_2$ Faden Tiefe in feinem, grauem Sand mit einzelnen Schalen häufig: Möbius und Bütschli.

O. sarsii (Lütk.). — Im Helgoländer Tief in $19^1/_2$ Faden Tiefe in sandigem Schlick mässig häufig: Möbius u. Bütschli.

Fam. *Amphiuridae.*
Amphiura squamata (D. Chiaja). — Leuckart, Schultze.
A. filiformis (O. F. Müll.). — Im Westwestnord in 20 Faden Tiefe mässig häufig: Möbius u. Bütschli.
Ophiothrix fragilis (O. F. Müll.). — Sehr häufig: Leuckart.

Cl. Asteroidea, Seesterne.

Fam. *Asteriidae.*
Asterias rubens L. = Astropecten helgolandicus Ehrb. — Ungemein häufig in der ganzen Umgebung der Insel: Hoffmann, Leuckart. — Hat an Zahl bedeutend abgenommen.

Fam. *Echinasteridae.*
Crossaster papposus (O. Fabr.). — Sehr häufig; lebt im tiefen Wasser: Hoffmann, Leuckart; an der Südseite in 29 Faden Tiefe, selten: Möbius u. Bütschli.

Fam. *Archasteridae.*
Archaster tenuispinus Düb. u. Kor. — Im Helgoländer Tief in $19^1/_2$ Faden Tiefe auf sandigem Schlick: Möbius u. Bütschli.

Fam. *Astropectinidae.*
Astropecten aurantiacus (L.). — Selten und zufällig: Hoffmann, Leuckart.
A. mülleri M. u. Tr. — In 20 Faden Tiefe stellenweise ziemlich häufig: Metzger.

Typus Coelenterata, Pflanzenthiere.

Literatur: Rathke 2, Hoffmann 3, Ehrenberg 4, 6 u. 8, Wagner 7, Kölliker 10, Leuckart 19 u. 20, Metzenheimer 30, Ötker 32, Haller 51, Wagener 59, Metzger 65, Greeff 66, Schulze 80, Taschenberg 89, Böhm 94, Kling 104, Hertwig 105, Haeckel 106.

Cl. Ctenophora, Rippenquallen.

Fam. *Cydippidae.*
Pleurobrachia pileus (O. Fbr.). — Leuckart, Wagener; im Westen und

Norden der Insel an der Oberfläche schwimmend zwischen 24. August und 1. September: Schulze.

Fam. *Beroidae.*
Beroë roseola Ag. == B. ovata J. Müll. — Sehr selten.

Cl. Polypomedusae, Polypen und Medusen.

Ordn. Acalephae == Acraspedae.

Systematische Anordnung und Nomenclatur nach: Haeckel, System der Medusen 1879. 4⁰.

Fam. *Pilemidae.*
Pilema octopus (L.) == Rhizostoma cuvieri Leuck. — Kölliker, Leuckart.

Fam. *Ulmaridae.*
Aurelia aurita (L.). — Sehr häufig: Hoffmann, Leuckart; überall vereinzelt und in Schaaren: Schulze, Haeckel.

Fam. *Cyaneidae.*
Cyanea capillata (L.). — Sehr häufig: Leuckart, Hoffmann, Ehrenberg; hin und wieder: Schulze, Haeckel.
C. lamarckii Pér. u. Les. == C. helgolandica Ehrb. — Ehrenberg, Leuckart.

Fam. *Pelagiidae.*
Chrysaora isosceles Eschsch. == Ch. hyoscella Schlz. — Ehrenberg, Leuckart; am 26. August und 1. September im Nordhafen der Insel an der Oberfläche schwimmend: Schulze, Haeckel.

Fam. *Lucernariidae.*
Craterolophus tethys Clark == Lucernaria spec. Mettenius == L. leuckarti Tschbg. == L. helgolandica Leuck. i. coll. — An Zostera und Fucus von Max Schultze und Leuckart entdeckt; Taschenberg, Kling, Hertwig bestätigen das Vorkommen. Die einzige Art im Gebiete.

Ordn. Hydroidea == Craspedotae.

Fam. *Aequoriidae.*
Polycanna germanica Haeck. — Haeckel.

Fam. *Eucopidae.*
Obelia sphaerulina Pér. u. Les. == Campanularia, Sertularia u. Obelia dichotoma auct. — Leuckart; im Südsüdwesten in 19¹/₂ und in Westwestnorden in 20 Faden Tiefe, im Süden in 29 Faden Tiefe auf sandigem Schlick, im Norden auf feinem, grauem Sand mit Muschelschalen in 12¹/₂ Faden Tiefe und zwischen Helgoland und Wilhelmshafen in 10 Faden Tiefe in Sand mit wenig Schlick zwischen dem 24. August und 3. September: Schulze, Böhm.
O. lucifera (Forb.) == Campanularia, Sertularia und Obelia geniculata auct. — Hoffmann, Leuckart; im Nordhafen der Insel am 1. September: Schulze, Böhm.

Obelia polystyla (Ggb.). — Claus.
O. adelungi Hartl. und
O. helgolandica Hartl. — Helgoland in grösseren Tiefen: Hartlaub [1]).
Tiaropsis multicirrhata (Sars) = T. scolica Böhm. — Böhm, Haeckel.
Phialidium variabile Claus = Campanularia, Sertularia volubilis auct.,
Campanularia acuminata Ald., Clytia johnstoni Ald. — Leuckart; im
Nordnordwesten in 14¹/₂ und 20 Faden Tiefe in sandigem Schlick, im
Nordhafen in 5—6 Faden Tiefe auf steinigem Grunde, im Süden in 29
Faden Tiefe auf sandigem, blauem Schlick mit vielen zerbrechlichen
Muschelfasern zwischen dem 25. und 27. August: Schulze, Böhm.
Eutimium elephas Haeck. — September 1854: Haeckel.
Octorchandra germanica Haeck. — September 1865: Haeckel.
Irene viridula Eschsch. = Geryonia pellucida Frey u. Leuck. non Will.
— Leuckart; im Süden der Insel 27. August, vielleicht eine andere
Art; eine zweite Art der Gattung am 1. September im Nordhafen:
Schulze, Böhm.

Fam *Thaumantidae.*
Thaumantias hemisphaerica (Gron.). — Ehrenberg, Leuckart.
Laodice cruciata (Forsk.) = Medusa aequorea Hoffm. — Hoffmann.

Fam. *Margelidae.*
Dysmorphosa carnea (Sars) = Lizzia blondina Böhm. — Böhm.
D. minima Haeck. — August 1865: Haeckel.
Lizusa octocilia (Dal.) = Bougainvillia ramosa Böhm. — Böhm, Haeckel.
Margelis ramosa (L.) = Eudendrium, Tubularia, Bougainvillia ramosa
auct. — Leuckart; im Nordnordwesten in 20 Faden Tiefe auf schlickigem
Grunde am 25. Aug.: Schulze, Böhm, Haeckel.
Rathkea octopunctata (Sars). — Böhm.

Fam. *Tiaridae.*
Amphinema titania Gosse = Tima spec. 6 Böhm. — Böhm.
Tiara pileata (Forsk.). — Claus; im Nordhafen an der Oberfläche und
im Süden der Insel am 26. und 27. August: Schulze, Böhm, Haeckel.

Fam. *Codonidae.*
Sarsia eximia (Allm.). — Böhm, Haeckel.
Ectopleura dumortieri (Ben.). — Böhm, Haeckel.
Steenstrupia galanthus Haeck. — Haeckel.
Amphicodon fritillaria (Steenst.) = Hybocodon prolifer Böhm — Böhm,
Haeckel.
Medusa papillata O. F. Müll. — Rathke und Leuckart; ist vermuthlich
die Larve von *Phialidium variabile.*
Aequorea henleana Köll. — Leuckart; ist undeutbar.

Fam. *Plumulariidae.*
Aglaophenia myriophyllum (L.) Lmr. — Selten.
Plumularia catharina Johnst. — Leuckart.
Antennularia ramosa (Lmr.). — Selten.

1) (118ᵇ) Hartlaub, Clemens, Beobachtungen über die Entstehung der Sexualzellen bei Obelia, in: Zeitschr. f. wissensch. Zool. Bd. 41, 1885, p. 158—185; Taf. XI—XII.

Fam. *Sertulariidae.*

Hydrallmania falcata (L.). — LEUCKART; im Süden in 29 Faden Tiefe in sandigem, blauem Schlick mit vielen Muscheln am 27. August: SCHULZE.

Sertularia abietina L. — Häufig auf Muscheln sitzend, die von ihren geschlängelt kriechenden Wurzeln umstrickt werden: HOFFMANN, LEUCKART. Hierher wohl auch

S. reptans HALLIER.

Fam. *Haleciidae.*

Halecium halecinum (L.). — LEUCKART.

Fam. *Campanulariidae.*

Campanularia verticillata L. — In sandigem, blauem Schlick mit vielen zerbrochenen Muschelschalen in 29 Faden Tiefe im Süden der Insel am 27. August: SCHULZE.

C. dumosa FLEM. — LEUCKART.

Fam. *Tubulariidae.*

Tubularia larynx ELL. — Im Helgoländer Tief in $19^1/_2$ Faden Tiefe auf sandigem Schlick am 24. August, im Nordnordwesten in 20 Faden Tiefe am 25. August, im Süden in 29 Faden Tiefe in sandig blaugrauem Schlick mit vielen zerbrechlichen Muschelschalen am 24. und im Norden in $12^1|_2$ Faden Tiefe in feinem, grauem Sand mit wenig Muschelstückchen am 2. und 8. September: SCHULZE.

T. simplex ALD. — Im Westen der Insel auf sandigem Schlick bei $19^1/_2$ Faden Tiefe: SCHULZE.

T. coronata O. F. MÜLL. — RATHKE, LEUCKART.

T. muscoides auct. — HALLIER.

Fam. *Hydractiniidae.*

Hydractinia echinata (FLEM.). — Auf sandigem Schlick in $17^1/_2$ Faden Tiefe am 24. August auf *Buccinum* und *Purpura*: SCHULZE.

H. grisea LEUCK. — LEUCKART.

Fam. *Clavidae.*

Clava squamata (O. F. MÜLL.) == Syncoryne multicaulis EHRBG. — LEUCKART.

Cl. Anthozoa, Korallpolypen.

Fam. *Actiniidae.*

Actinia equina L. == A. mesembryanthemum ELL. — LEUCKART.

A. radiata LEUCK. — In der tiefen See auf den Schalen von *Buccinum undatum.*

Tealia crassicornis (O. F. MÜLL.) == Actinia holsatica auct. == A. senilis HALL. == A. felina HALL. — RATHKE; sehr häufig, am Felsen oder losen Steinen festsitzend: HOFFMANN, WAGNER LEUCKART; ich fand sie nur selten und einzeln an der Fluthgrenze.

Cylista viduata (O. F. MÜLL.). — Im Nordhafen in 2—4 Faden Tiefe auf steinigem Grunde: SCHULZE.

Heliactis bellis (ELL.) und

Actinoloba dianthus (ELL.). — Vereinzelt und selten.

Fam. *Alcyoniidae.*

Alcyonium digitatum Lr — Häufig mit Muschelschalen: HOFFMANN, LEU-CKART; im Helgoländer Tief bei 19 und im Südsüdwesten der Insel bei $17\frac{1}{2}$ Faden Tiefe: SCHULZE.

Celloria cupressina HALL. — Mir unbekannt.

Cl. Spongiae, Schwämme.

Literatur: LIEBERKÜHN 45, HAECKEL 69.

Fam. *Sycones.*

Sycandra ciliata (FABR.). — In 30' Tiefe an Steinen sitzend: LIEBER-KÜHN, HAECKEL.

Fam. *Leucones.*

Leucandra nivea (GRAUL.). — HAECKEL.

Fam. *Ascones.*

Ascandra complicata (MONT.) = Grantia bothryoides JOHNST. — An der Unterseite der Steine, welche während der Ebbe aus dem Wasser her-vorragen: LIEBERKÜHN, HAECKEL.

Fam. *Suberitidae.*

Vioa celata (LBK.). = Clione LIEBERK. — An Schalen von *Ostrea edulis* häufig: LIEBERKÜHN.

Fam. *Chalinidae.*

Halichondria reticulata LBK. — An Steinen und an Fucusblättern in Form eines grauen Ueberzuges bis zu mehreren Zoll Durchmesser: LIEBERKÜHN; und

H. aspera LBK. — An der Unterfläche von Steinen, die während der Ebbe ausser Wasser lagen.

Fam. *Halisarcidae.*

Halisarca lobularis O. SCHM. (*Oscarella* VOSM.) und

H. dujardinii JOHNST. — Bildet flächenförmige Ueberzüge auf Laminarien und Treibholz; LIEBERKÜHN fand sie an der untern Fläche von grossen Steinen, welche während der Ebbe entweder ganz frei von Wasser werden, oder unmittelbar unter der Oberfläche desselben liegen.

Typus Protozoa, Urthiere.

Literatur: EHRENBERG 4 u. 8, METTENHEIMER 30, SCHULZE 81, HERT-WIG 82, SCHNEIDER 95, STEIN 116.

Cl. Infusoria, Aufgussthierchen.

Fam. *Acinetidae.*

Podophrya gemmipara HERTW. — An Hydroidpolypen und Bryozoen, häufig; von HERTWIG bei Helgoland entdeckt.

www.ingramcontent.com/pod-product-compliance
Lightning Source LLC
Chambersburg PA
CBHW021944220326
41599CB00013BA/1676